高职高专新形态一体化教材

YAOWU ZHIJI SHEBEI

药物制剂设备

董天梅　张　玲　王兆君　主编

U0209766

化学工业出版社

·北京·

内 容 简 介

本书为全国医药高等职业教育药学类专业特色教材，采用项目导向、任务驱动的模式编写，主要介绍了散剂、颗粒剂、片剂、胶囊剂、丸剂、水针剂、粉针剂、输液剂及药品包装设备等典型先进设备，包括其结构与工作原理、操作和调试及维保方法、常见故障分析及排除方法等内容。此外，书中配套了丰富的资源，包括药剂设备相关的科普知识、企业生产案例、工业案例等内容，以二维码链接的形式展现，方便相关老师下载使用和学生学习相关知识。

本书可以作为高职高专院校制药设备、药物制剂、生物制药、中药制药等专业的教材，也可作为药学其他相关专业的教材或教学参考书，并可作为制药企业中的培训教材及工程技术人员的参考资料。

图书在版编目（CIP）数据

药物制剂设备/董天梅，张玲，王兆君主编. —北京：化学工业出版社，2021.9 （2023.3重印）
ISBN 978-7-122-39480-4

Ⅰ. ①药… Ⅱ. ①董… ②张… ③王… Ⅲ. ①制剂机械-高等学校-教材 Ⅳ. ①TQ460.5

中国版本图书馆 CIP 数据核字（2021）第 132636 号

责任编辑：蔡洪伟 旷英姿 　　　　　文字编辑：丁 宁 陈小滔
责任校对：宋 夏 　　　　　　　　　装帧设计：张 辉

出版发行：化学工业出版社（北京市东城区青年湖南街 13 号 邮政编码 100011）
印 　装：三河市延风印装有限公司
787mm×1092mm 1/16 印张 11½ 字数 272 千字 2023 年 3 月北京第 1 版第 2 次印刷

购书咨询：010-64518888 　　　　　　售后服务：010-64518899
网 　址：http://www.cip.com.cn
凡购买本书，如有缺损质量问题，本社销售中心负责调换。

定 　价：39.00 元

编审人员名单

主　　编：董天梅　张　玲　王兆君

主　　审：李富海　王　缨

副 主 编：周广芬　高秀蕊　王玉厅　庞心宇

编审人员（排名不分先后）

董天梅　山东药品食品职业学院

张　玲　山东药品食品职业学院

王兆君　山东理工大学

李富海　山东齐都药业有限公司

王玉厅　广东食品药品职业学院

周广芬　山东药品食品职业学院

高秀蕊　山东药品食品职业学院

王桂梅　山东药品食品职业学院

王　缨　山东药品食品职业学院

张一帆　山东药品食品职业学院

黄小川　山东淄博能源集团

戴春玉　山东药品食品职业学院

王秉泉　山东朱氏药业集团有限公司

庞心宇　湖南食品药品职业学院

曲庆美　山东药品食品职业学院

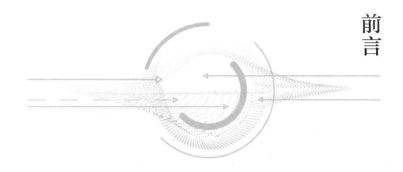

前言

　　本书是根据教育部发布的《国家职业教育改革实施方案》《关于组织开展"十三五"职业教育国家规划教材建设工作的通知》《职业院校教材管理办法》等文件精神，通过校企"双元"合作开发的新形态特色教材。

　　高职高专培养的是生产、服务、管理第一线需要的、具有综合职业能力的高级技术应用型专门人才，本书以高职高专人才培养目标为依据，以制药工程、制药设备等相关理论和技术为基础，基于企业真实场景，以岗位群技能培养为主要目标，以校企"双元"为抓手，与制药企业技术专家组成编者团队共同编写而成。

　　本书主要内容包括正文和配套资源两大部分。正文共设 10 个学习项目、26 个学习任务，以纸质版形式介绍了散剂、颗粒剂、片剂、胶囊剂、丸剂、水针剂、粉针剂、输液剂及药品包装设备等典型先进设备，包括结构与工作原理、操作调试和维保方法、常见故障分析及排除方法等图文内容，使学生了解和熟悉药剂设备的种类及应用，掌握典型药剂设备的使用和操作方法、常见故障及处理方法，熟悉药剂设备的标准操作规程（SOP）。本书突出了对药剂设备使用和维护等专业技能方面的训练，注重提高学生的职业素养和创新能力。配套资源部分以二维码链接的形式呈现了微课、视频、动画、药剂设备相关科普知识、企业生产案例、工业案例等内容，展现了行业新业态、新材料、新技术、新工艺、新设备，在专业知识中融入责任意识、创新精神、工匠精神、爱国情操，充分发挥了知识学习的灵活性、趣味性、重组性、自主学习、个性化学习的功能，为培养德技并修、全面可持续发展的高素质技术技能人才提供了可靠资源。

　　本书是校企合作的作品，其中有多位编者来自制药企业。本书依托生产实践，内容丰富，特色鲜明，生动活泼，趣味性强，实用性强，充分体现了职业教育新形态教材的创新思想。本书可以作为高职高专院校制药相关专业的教材或教学参考书，也可作为制药企业培训教材及工程技术人员的参考资料。

　　本书在编写时，得到化学工业出版社编辑和编者所在单位领导的大力支持，还得到了有关行业企业的鼎力相助，参考了有关专家学者的著作和部分制药企业和药剂企业的有关技术文件，在此致以衷心的感谢。

　　由于编者水平有限，疏漏之处在所难免，敬请读者批评指正。

编　者

2021 年 5 月

目录

项目一 制药设备认知 ——————————————————————— 001

任务一 制药设备与 GMP ... 001
　一、制药机械与课程 ... 002
　二、GMP 与制药机械 ... 006
任务二 制剂设备基础知识 ... 011
　一、常用传动机构 ... 011
　二、制剂设备常用材料 ... 017
　三、制剂设备常用控制元件 ... 019

项目二 散剂生产设备 ——————————————————————— 023

任务一 粉碎机 ... 024
　一、概述 ... 024
　二、药厂常用粉碎机 ... 024
任务二 筛分机 ... 029
　一、概述 ... 029
　二、药厂常用筛分机 ... 029
任务三 混合机 ... 031
　一、概述 ... 031
　二、药厂常用混合机 ... 031

项目三 颗粒剂生产设备 ——————————————————————— 036

任务一 制粒机 ... 037
　一、概述 ... 037
　二、药厂常用制粒机 ... 037
任务二 干燥机 ... 041
　一、概述 ... 041
　二、药厂常用干燥机 ... 041

项目四 片剂生产设备 ——————————————————————— 047

任务一 压片机 ... 048
　一、概述 ... 048
　二、普通压片机 ... 048
　三、高速压片机 ... 053
　四、其他压片机 ... 060
任务二 包衣机 ... 061

一、概述   061   三、高效包衣机   062

二、荸荠式包衣机   061

项目五　胶囊剂生产设备 ——————————— 068

任务一　硬胶囊剂生产设备   069   一、概述   075

一、概述   069   二、滚模式软胶囊机   076

二、全自动胶囊充填机   069   三、滴制式软胶囊机   081

任务二　软胶囊剂生产设备   075

项目六　丸剂生产设备 ——————————— 085

任务一　塑制丸剂设备   086   任务二　中药自动滴丸机应用技术   091

一、概述   086   一、概述   091

二、制丸传统设备   086   二、小型滴丸机   092

三、中药自动制丸机   089   三、全自动实心滴丸机   092

项目七　水针剂生产设备 ——————————— 097

任务一　安瓿洗烘灌封联动机   098   二、常用灭菌柜   113

一、安瓿超声波洗瓶机   098   任务三　安瓿灯检机   116

二、安瓿灭菌干燥机   103   一、概述   116

三、安瓿灌封机   105   二、常用安瓿灯检机   116

四、联动机   109   任务四　安瓿印字机   118

五、安瓿灌注和封口过程中的常见问题   112   一、转盘式安瓿印字机   118

任务二　安瓿灭菌柜   113   二、推板式安瓿印字机   119

一、概述   113

项目八　粉针剂生产设备 ——————————— 122

任务一　粉针剂分装机   122   二、冻干机   129

一、概述   122   任务三　西林瓶轧盖机   132

二、螺杆分装机   124   一、概述   132

任务二　冻干设备   128   二、滚压式轧盖机   132

一、概述   128

项目九　输液剂生产设备 —————————— 137

任务一　玻瓶输液剂生产设备应用技术　138
一、概述　138
二、主要设备　139
任务二　塑瓶输液剂生产设备应用技术　144
一、全自动塑瓶制瓶系统　146

二、洗灌封设备　148
任务三　软袋输液剂生产设备应用技术　149
一、概述　149
二、软袋输液剂生产工艺及设备　150

项目十　药品包装设备 —————————— 155

任务一　铝塑包装机　156
一、概述　156
二、常用铝塑包装机　156
任务二　自动制袋充填包装机　160
一、概述　160

二、立式自动制袋充填包装机　161
任务三　数粒装瓶机　163
一、概述　163
二、数粒装瓶机　163
三、其他机构　165

参考文献 —————————— 170

目录

序号	标题	资源类型	页码	序号	标题	资源类型	页码
1	我国标准体系简介	PDF	2	26	胶体磨	视频	28
2	GB/T 15692—2008《制药机械 术语》简介	PDF	2	27	筛分机发展历程	PDF	29
				28	旋振筛	视频	30
3	《制药装备标准汇编》简介	PDF	3	29	旋振筛常见故障及处理	PDF	30
4	JB/T 20188—2017《制药机械 产品型号编制方法》简介	PDF	4	30	滚筒筛	视频	30
				31	工业案例解析	PDF	30
5	制药设备行业现状	PDF	5	32	混合设备发展历程	PDF	31
6	制药机械与药品安全	PDF	5	33	V 型混合机	视频	31
7	GMP 中关于设备的文件内容	PDF	6	34	V 型混合机操作、清洁、维护 SOP	PDF	31
8	查一查、工业案例解析	PDF	10				
9	带、链、齿轮传动的失效形式	PDF	11	35	二维混合机	视频	31
10	材料的性能	PDF	17	36	三维混合机	视频	32
11	奥氏体不锈钢简介	PDF	18	37	三维混合机操作、清洁 SOP	PDF	32
12	步进电动机和伺服电动机对比	PDF	20	38	方锥混合机	视频	33
13	查一查解析	PDF	22	39	槽形混合机	视频	33
14	项目检测参考答案	PDF	22	40	槽形混合机操作、清洁、维护 SOP	PDF	34
15	粉碎机发展历程	PDF	24				
16	万能粉碎机	视频	24	41	工业案例解析	PDF	34
17	万能粉碎机操作、维保、清洁 SOP	PDF	24	42	项目检测参考答案	PDF	34
				43	板蓝根趣话:我不是"神药"	PDF	36
18	粉碎机"闷车"解析	PDF	25	44	颗粒机的发展简介	PDF	37
19	工业案例解析	PDF	25	45	制粒机与中药	PDF	37
20	锤式粉碎机	视频	25	46	摇摆式制粒机	视频	38
21	球磨机发展历程	PDF	26	47	摇摆式颗粒机操作、维护、清洁规程	PDF	38
22	球磨机	视频	26				
23	气流粉碎机的发展历程	PDF	27	48	湿法混合制粒机	视频	38
24	气流粉碎机	视频	27	49	快速搅拌制粒机操作、清洁、维护 SOP	PDF	39
25	工业案例:粉碎车间安全问题	PDF	28				

序号	标题	资源类型	页码	序号	标题	资源类型	页码
50	快速搅拌制粒机常见故障分析与排除方法	PDF	39	81	三种压片机的加料器比较	PDF	56
51	工业案例解析	PDF	39	82	高速压片机操作调试	视频	58
52	沸腾制粒机的发展	PDF	39	83	PG28型高速压片机常见故障分析及处理方法	PDF	60
53	沸腾制粒机	视频	39	84	工业案例解析	PDF	61
54	沸腾制粒机使用、维护SOP	PDF	40	85	微创新解析	PDF	61
55	沸腾制粒机常见故障分析及排除方法	PDF	40	86	包衣机的发展简介	PDF	61
56	沸腾制粒机"塌床"解析	PDF	40	87	荸荠式包衣机	视频	61
57	干法制粒机的发展及优势	PDF	40	88	高效包衣机	视频	62
58	工业案例解析	PDF	40	89	三种高效包衣机比较	PDF	63
59	干燥设备的发展	PDF	41	90	高效包衣机操作、维保、清洁SOP	PDF	63
60	厢式干燥机	视频	41	91	高效包衣机常见故障分析及处理方法	PDF	65
61	沸腾干燥机	动画	42	92	工业案例解析	PDF	65
62	沸腾干燥机安全操作、维修保养SOP	PDF	42	93	项目检测参考答案	PDF	66
63	喷雾干燥机	视频	43	94	胶囊剂发展历史	PDF	68
64	冷冻干燥机安全操作SOP	PDF	44	95	胶囊充填机的发展及类型	PDF	69
65	工业案例解析	PDF	45	96	中国医药包装协会标准YBX-2000-2007(节选)	PDF	69
66	项目检测参考答案	PDF	45	97	工业案例解析	PDF	69
67	片剂基础知识	PDF	48	98	全自动胶囊充填机工作原理	视频	69
68	压片机发展历史	PDF	48	99	全自动胶囊充填机操作、调试	视频	71
69	药片的故事	PDF	48	100	全自动胶囊充填机的传动系统	PDF	72
70	JB/T 20022—2017标准冲模直径	PDF	48	101	全自动胶囊充填机的药物计量类型	PDF	74
71	单冲压片机	动画	48	102	全自动胶囊充填机操作、维保、清洁SOP	PDF	75
72	工业案例解析	PDF	49	103	工业案例解析	PDF	75
73	普通旋转式压片机工作原理	动画	49	104	软胶囊的形状和尺寸(按JB/T 20027—2009)	PDF	75
74	ZP-33型压片机工作	视频	50	105	胶囊剂的特点	PDF	76
75	旋转式压片机操作、维保、清洁SOP	PDF	50	106	软胶囊与硬胶囊的比较	PDF	76
76	工业案例1解析	PDF	52	107	软胶囊机发展简介	PDF	76
77	工业案例2解析	PDF	52	108	滚模式软胶囊机	视频	76
78	高速压片机	视频	53	109	滚模式软胶囊机常见故障分析及处理方法	PDF	80
79	高速压片机操作、维保、清洁SOP	PDF	54				
80	强迫加料器的拆卸与调整	PDF	56				

序号	标题	资源类型	页码	序号	标题	资源类型	页码
110	工业案例解析	PDF	81	141	立式超声波洗瓶机常见故障与排除方法	PDF	103
111	项目检测参考答案	PDF	83	142	工业案例解析	PDF	103
112	丸剂发展历史	PDF	86	143	立式超声波洗瓶机操作保养清洁SOP	PDF	103
113	丸剂的分类	PDF	86				
114	中药设备与中药现代化	PDF	86	144	滚筒式与立式超声波洗瓶机性能比较	PDF	103
115	轧丸机	视频	87				
116	滚筒筛	视频	88	145	远红外辐射型隧道式灭菌干燥机简介	PDF	103
117	全自动中药自动制丸机	视频	89				
118	中药制丸机的发展	PDF	90	146	远红外线灭菌干燥机	视频	103
119	WZL120型全自动中药制丸机标准操作规程	PDF	90	147	隧道式灭菌干燥机的标准操作、维护保养SOP	PDF	104
120	中药自动制丸机常见故障分析及排除	PDF	90	148	隧道式灭菌干燥机的常见故障及排除方法	PDF	105
121	工业案例解析	PDF	90	149	工业案例解析	PDF	105
122	中药丸剂的特点	PDF	91	150	安瓿灌封机	动画	105
123	滴丸剂的发展	PDF	91	151	安瓿灌封机传动系统及各部件配合	PDF	106
124	实心滴丸机和空心滴丸机	PDF	91				
125	滴丸剂的基质和冷却剂	PDF	92	152	安瓿洗烘灌封联动线	视频	109
126	中药滴丸剂与中药现代化	PDF	92	153	安瓿灌封机的标准操作、维保、清洁SOP	PDF	109
127	滴丸机	视频	92				
128	DWJ-2000型多功能滴丸机标准操作规程	PDF	94	154	安瓿灌封机常见故障及排除方法	PDF	113
129	工业案例解析	PDF	94	155	工业案例解析	PDF	113
130	项目检测参考答案	PDF	95	156	F_0 值简介	PDF	113
131	注射剂的发明	PDF	97	157	安瓿水浴灭菌器的操作、维保、清洁SOP	PDF	114
132	灭菌工艺及无菌工艺	PDF	97				
133	玻璃安瓿的发展	PDF	98	158	安瓿水浴灭菌器常见故障及排除方法	PDF	115
134	曲颈易折安瓿的类型	PDF	98				
135	塑料安瓿简介	PDF	98	159	工业案例解析	PDF	116
136	塑料安瓿与玻璃安瓿的性能比较	PDF	99	160	人工灯检存在的问题	PDF	116
				161	安瓿光电自动检测仪特点	PDF	116
137	安瓿冲淋式洗涤法所用设备简介	PDF	99	162	安瓿光电自动检测仪	视频	116
138	滚筒式安瓿超声波洗涤机原理	动画	100	163	安瓿光电自动检测仪操作维护SOP	PDF	117
139	立式超声波洗瓶机	视频	101				
140	立式超声波洗瓶机的传动系统图	PDF	102	164	安瓿光电自动检测仪常见故障及排除	PDF	117

序号	标题	资源类型	页码	序号	标题	资源类型	页码
165	工业案例解析	PDF	118	198	玻瓶输液剂洗灌塞封一体机常见故障及排除方法	PDF	144
166	安瓿开盒机简介	PDF	118				
167	安瓿印字机常见故障与排除	PDF	119	199	工业案例解析	PDF	144
168	工业案例解析	PDF	119	200	输液塑料瓶（PP瓶）为什么取代了玻璃瓶	PDF	145
169	项目检测参考答案	PDF	120				
170	青霉素的故事	PDF	122	201	聚丙烯输液直立袋——空袋子直立起来了	PDF	145
171	西林瓶简介	PDF	123				
172	药用胶塞简介	PDF	123	202	塑瓶输液剂吹洗灌封联动机	视频	146
173	药用铝塑组合盖处理方式	PDF	123	203	制瓶机标准操作、维保SOP	PDF	148
174	中药粉针剂的历史	PDF	123	204	塑瓶大输液洗灌封机的标准操作、维保SOP	PDF	149
175	气流分装机简介	PDF	123				
176	螺杆分装机	视频	124	205	塑瓶输液剂洗灌塞封一体机常见故障及排除方法	PDF	149
177	螺杆分装机操作、清洁、维保SOP	PDF	126				
				206	工业案例解析	PDF	149
178	双头螺杆分装机常见故障分析及解决方法	PDF	127	207	我国多层共挤膜输液袋的应用现状	PDF	149
179	工业案例解析	PDF	128	208	非PVC输液剂软袋型式	PDF	150
180	冻干技术的发展	PDF	128	209	非PVC软袋输液剂联动机	视频	150
181	冻干机	视频	129	210	非PVC软袋输液剂生产线标准操作规程	PDF	152
182	冻干机操作、清洁、维保SOP	PDF	131				
183	冻干机常见故障分析及排除方法	PDF	131	211	非PVC膜输液剂制袋灌封一体机常见故障及排除方法	PDF	153
184	工业案例解析	PDF	131	212	工业案例解析	PDF	153
185	轧盖机	视频	132	213	项目检测参考答案	PDF	154
186	轧盖机操作、清洁、维保SOP	PDF	134	214	我国药品包装的发展	PDF	155
187	轧盖机常见故障分析及处理方法	PDF	134	215	《药品包装用材料、容器管理办法》（暂行）	PDF	155
188	工业案例解析	PDF	135				
189	项目检测参考答案	PDF	135	216	铝塑包装材料简介	PDF	156
190	输液的历史	PDF	137	217	辊板式铝塑包装机的发明	PDF	156
191	注射器的发展史	PDF	138	218	铝塑包装机	视频	156
192	输液包材的发展历程	PDF	138	219	铝塑包装机操作、清洁SOP	PDF	158
193	留置针的发展历史	PDF	138	220	铝塑泡罩包装机常见故障分析及排除方法	PDF	158
194	玻瓶输液剂洗灌塞封联动机	视频	138				
195	输液玻璃瓶洗瓶机的发展	PDF	140	221	工业案例解析	PDF	160
196	大输液灌装机的发展	PDF	143	222	制袋包装机	视频	161
197	玻瓶输液剂洗灌塞封一体机操作、清洁、维保SOP	PDF	143	223	制袋包装机操作、清洁SOP	PDF	162

序号	标题	资源类型	页码	序号	标题	资源类型	页码
224	制袋包装机常见故障分析及排除方法	PDF	162	227	电子数粒机常见故障分析及排除方法	PDF	167
225	数粒技术简介	PDF	163	228	项目检测参考答案	PDF	168
226	瓶装机生产线	视频	164				

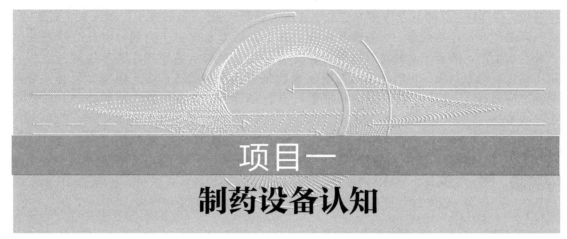

项目一
制药设备认知

项目导入

　　根据药物性质、病情、治疗要求，以及服用、贮存、携带、运输的方便性，需要将药物制成片剂、胶囊剂、针剂等不同剂型。如治疗脑梗死的中药血塞通，有针剂、片剂、胶囊剂、颗粒剂、滴丸剂等多种剂型，可以适用于急救、日常服用等不同场合。生产药物剂型的设备称为药物制剂设备，其性能直接影响药物质量，俗有"三分工艺、七分设备"之说法。

　　本项目设计两个学习任务：任务一制药设备与 GMP；任务二制剂设备基础知识。概括介绍本课程的性质、内容及培养目标，制药设备分类、现状及 GMP 对制剂设备的要求，制药设备相关的机电和材料等基础知识。

学习目标

知识目标：1. 了解本课程的性质、内容、培养目标，职业工作内容、职业要求。
　　　　　2. 熟悉制剂设备分类、标准、 GMP 对制剂设备的要求。
　　　　　3. 熟悉制药设备相关的机电和材料基础知识。

技能目标：1. 会查阅制药装备标准和 GMP 规范。
　　　　　2. 会按 GMP 要求更衣、洗手、进入洁净车间进行安全生产。
　　　　　3. 具备制药设备确认和管理的基本能力。
　　　　　4. 具备制药设备的机电和材料相关知识的应用能力。

创新目标：1. 了解制药设备前沿知识。
　　　　　2. 会运用国家知识产权局网站查阅制药设备相关专利资料。
　　　　　3. 会运用相关网站查阅工业产品的品种、价格等。

思政目标：1. 从制药设备质量影响药品质量引入职业道德和工匠精神。
　　　　　2. 联系"中国制造 2025"讨论我国制药设备行业发展方向。

任务一　制药设备与 GMP

　　医药行业是关系人民群众身体健康和生命安全的民生产业、健康产业，具有其他行业不可替代的特殊性。医药行业被称为"永不衰落的朝阳产业"，是高技术、高投入、高效益、高风险的产业，包括医药工业和医药商业，其中医药工业按生产类别又可分为原料药生产和制剂生产，医药工业的发展与制药装备和制药工程的水平紧密相关。任何一个药品用于临床时均要制成一定的剂型，药物制剂就是将药物制成适合临床需要并符合一定质量标准的剂型。不同剂型有不同的制剂生产工艺和设备，设备性能直接影响产品质量和生产成本。

1.我国标准体系简介

现代医药工业生产优质合格的药品，必须具备三个要素：一是人的素质；二是符合GMP的软件，如合理的工艺、合格的原辅材料、科学规范的管理制度等；三是符合GMP的硬件，即优越的生产环境与生产条件，符合GMP要求的厂房、设备等。可见，制药设备是药物生产操作的关键因素。

一、制药机械与课程

药品生产企业为完成制药工艺生产所采用的各种机器设备统称为制药机械设备，包括专用设备和通用设备。

2.GB/T 15692—2008《制药机械术语》简介

（一）制药机械的分类与标准

制药机械按GB/T 15692—2008分为8大类，包括3000多个品种规格。

1. 原料药设备及机械

原料药设备及机械是指利用动、植、矿物制取医药原料的工艺设备及机械。包括摆瓶机、发酵罐、搪玻璃设备、结晶机、离心机、分离机、过滤设备、提取设备、蒸发器、回收设备、换热器、干燥箱、筛分设备等。

2. 制药机械

制药机械是将药物制成各种剂型的机械与设备，按剂型分为13类。

（1）颗粒剂机械：将药物或与适宜的药用辅料经混合制成颗粒状制剂的机械设备。

（2）片剂机械：将药物或与适宜的药用辅料混匀压制成各种片状的固体制剂机械设备。

（3）胶囊剂机械：将药物或与适宜的药用辅料充填于空心胶囊或密封于软质囊材中的机械设备。

（4）粉针剂机械：将无菌粉末药物定量分装于抗生素玻璃瓶内，或将无菌药液定量灌入抗生素玻璃瓶再用冷冻干燥法制成粉末并盖封的机械设备。

（5）小容量注射剂机械及设备：制成50mL以下装量的无菌注射液机械设备。

（6）大容量注射剂机械及设备：制成50mL及以上装量的注射剂的机械设备。

（7）丸剂机械：将药物或与适宜的药用辅料以适当的方法制成滴丸、糖丸、小丸（水丸）等丸剂的机械设备。

（8）栓剂机械：将药物与适宜的基质制成供腔道给药的栓剂机械设备。

（9）软膏剂机械：将药物与适宜的基质混合制成外用制剂的机械设备。

（10）口服液体制剂机械：将药物与适宜的药用辅料制成供口服的液体制剂的机械设备。

（11）气雾剂机械：将药物与适宜的抛射剂共同灌注于具有特制阀门的耐压容器中，制作成药物以雾状喷出的机械设备。

（12）眼用制剂机械：将药物制成滴眼剂和眼膏剂的机械设备。

（13）药膜剂机械：将药物和药用辅料与适宜的成膜材料制成膜状制剂的机械设备。

3. 药用粉碎机械

药用粉碎机械是用于药物粉碎（含研磨）并符合药品生产要求的机械。包括万能粉碎机、超微粉碎机、锤式粉碎机、气流粉碎机、齿式粉碎机、超低温粉碎机、粗碎机、组合式粉碎机、针形磨、球磨机等。

4. 饮片机械

饮片机械是对天然药用动、植物进行选、洗、润、切、烘等方法制取中药饮片的机械。包括选药机、洗药机、烘干机、切药机、润药机、炒药机等。

5. 药用制水设备

药用制水设备是采用各种方法制取药用纯化水和注射用水的设备。包括多效蒸馏水机、热压式蒸馏水机、电渗析设备、反渗透设备、离子交换纯水设备、纯蒸汽发生器、水预处理设备等。

6. 药用包装机械

药用包装机械是完成药品包装过程以及与包装相关过程的机械与设备。包括小袋包装机、泡罩包装机、瓶装机、印字机、贴标签机、装盒机、捆扎机、拉管机、安瓿制造机、制瓶机、吹瓶机、铝管冲挤机、硬胶囊壳生产自动线等。

7. 药物检测设备

药物检测设备是检测各种药物制品或半成品的机械与设备。包括测定仪、崩解仪、溶出试验仪、融变仪、脆碎度仪、冻力仪等。

8. 制药辅助设备

制药辅助设备是辅助制药生产设备用的其他设备。包括空调净化设备、局部层流罩、送料传输装置、提升加料设备、空气压缩机、除尘设备、加热设备、冷却设备等。

（二）制药机械行业标准与产品型号

制药机械行业标准是为便于制药机械的生产管理、产品销售、设备选型、国内外技术交流而制定的，现行标准见表1-1。

表1-1　制药机械行业标准目录（节选）

现行标准代号	标准名称	现行标准代号	标准名称
YY/T 0216—1995	制药机械产品型号编制方法	JB/T 20002.1—2011	安瓿洗烘灌封联动线
YY 0260—1997	制药机械产品分类与代码	JB/T 20002.2—2011	安瓿立式超声波清洗机
JB 20015—2004	湿法混合制粒机	JB/T 20002.3—2011	安瓿隧道式灭菌干燥机
JB 20020—2004	旋转式压片机	JB/T 20002.4—2011	安瓿灌装封口机
JB 20021—2004	高速旋转式压片机	JB 20008.2—2012	抗生素玻璃瓶螺杆式粉剂分装机

产品型号按 YY/T 0216—1995《制药机械产品型号编制方法》编制，由主型号和辅助型号组成。主型号依次按制药机械的分类名称、产品型式、功能及特征代号组成，辅助型号包括主要参数、改进设计顺序号，其格式如下：

3.《制药装备标准汇编》简介

```
□   □   □   □   □
│   │   │   │   └── 改进设计序号 A、B、C...
│   │   │   └────── 主要参数
│   │   └────────── 产品功能及特征代号
│   └────────────── 产品型式代号
└────────────────── 制药机械分类名称代号
```

制药机械分类按 GB/T 15692—2008 分为 8 大类；产品型式是以机器工作原理、用途或结构型式进行分类，如表 1-2 所示。如旋转式压片机代号为 ZP。产品功能及特征代号以其有代表性的汉字的第一个拼音字母表示，主要用于区别同一种类型产品的不同型式，由 1～2 个符号组成。如只有一种型式，此项可省略。如异形旋转压片机代号为 ZPY。产品的主要参数有生产能力、面积、容积、机器规格、包装尺寸、适应规格等，一般以数字表示。当需要表示二组以上参数时，用斜线隔开。改进设计顺序号以 A、B、C... 表示，第一次设计的产品不编顺序号。

表 1-2　制药机械分类名称代号及产品型式代号（节选）

产品分类	产品项目	代号	产品分类	产品项目	代号
原料药机械及设备 Y	反应设备	F	药用粉碎机械 F	锤式粉碎机	C
	结晶设备	J		气流粉碎机	Q
	萃取设备	T		球磨机	M
	蒸馏设备	L	饮片机械 P	洗药机	X
	热交换器	R		润药机	R
	蒸发设备	Z		切药机	Q
制剂机械 Z	混合机	H	药用包装机械 B	药用印字机	Y
	制粒机	L		药用贴标签机	T
	压片机	P		药用袋装包装机	D
	包衣机	BY		药用瓶装包装机	P
	水针剂机械	A		药用装盒包装机	H
	西林瓶粉、水剂机械	K		药用捆合包装机	K
	大输液剂机械	S		空心胶囊制造机械	N
	硬胶囊机械	N	药用制水设备 S	列管式多效蒸馏水机	L
	软胶囊机械	R		离子交换设备	H
	丸剂机械	W		电渗析设备	D
	软膏剂机械	G		反渗透设备	F
	栓剂机械	U	药物检测设备 J	硬度测定仪	Y
	口服液剂机械	Y		崩解仪	B
	药膜剂机械	M		安瓿注射液异物检测仪	A
	气雾剂机械	Q			
	滴眼剂机械	D			

（三）制剂设备发展动态

我国是制药大国，近三十年发展迅速，总产量位居世界第二。截至 2020 年底，全国有效期内药品生产企业许可证 7690 个，其中制剂企业占 80% 以上。制药装备是医药工业发展的手段、工具和物质基础。目前我国制药装备行业企业已达千余家，规模以上企业数量为 145 个，市场规模近 2000 亿元，可生产八大类 3000 多个品种规格的制药装备产品，并出口至 80 多个国家或地区。2010 版 GMP 已在制药行业强制推行认证，促进了制剂制备技术突飞猛进的发展，一些新技术、新工艺不断开发并得到应用与推广。制药工业发展必将推动其上游制药装备行业也高速发展，技术先进、高效节能、机电光仪一体化、符合GMP要求的新型制剂设备应运而生。中国已成为名副其实的制药装备生产大国，呈现出以下趋势。

1. 自动化、集成化、模块化

设备自动化和模块化是设备集成化的基础，制药装备的集成化就是把分离或转序的工艺集成在一个设备中完成，它包括多工序工艺装备的集成、前后联动设备的集成、进出料装置与主机的集成以及主机与检查设备的集成等，其特点是自动化操作，模块组合，电子数据处理系统（EDPS）实时监控，能克服交

5.制药设备行业现状

叉污染、减少操作人员和空间、降低安装技术要求及安装空间的要求，实现生产过程的可视化等。如，注射剂全自动灯检设备逐步取代人工灯检设备；隔离器模块、包装线模块、加料输送模块、检测模块、在线清洗工作站、配液过滤模块等的组合运用；一步制粒机将原来多台设备、敞口生产的多道工序合并在一个密闭内循环的设备中完成，极大地减少了由于工艺环节较多、单机人流、物流介入频繁带来的药品质量风险，等等。

2. 在线清洗（CIP）和在线灭菌（SIP）

制药装备的在线清洗和在线灭菌可大大提高药品生产的质量和劳动生产率，减少手工拆洗所花的劳动量和清洗消毒（灭菌）操作空间，消除人工清洗所产生的误操作。如：国内已有料斗清洗站，可方便地把料斗推入工作腔内，自动完成清洗、干燥与消毒，但类似设备较少，一些装备的清洗过程仍需靠人工。

3. 认证软件要求提高

现今，在制药装备市场采购设备，用户在注重产品技术与质量的同时，更注重设备的认证软件。用户采购以URS（用户需求）出发，考察制造商的FS（功能规格书）、DS（设计规格书）、DQ（设计确认）、FAT（工厂验收测试）、

6.制药机械与药品安全

SAT（客户现场验收测试）、IQ（安装确认）、OQ（操作确认）、PQ（性能确认）。有的还需制造商提供RA（风险评估）、QP（质量计划）等技术文件。我国制药装备市场已对这些认证文件提出了一定要求，可以说，没有认证文件支撑的设备将会逐渐失去市场。

4. 国产设备质优价廉，市场占有率稳步提升

随着制药装备行业的集中度不断提高和国家政策的鼓励，制药装备企业对研发的投入不断加大。目前国内制药设备企业一直在加紧产品升级和标准制定，新产品逐步取代传统产品，如：料斗混合机、三维混合机、湿法制粒机、沸腾式制粒机等逐步取代传统产品如槽形混合机、双锥混合机、V型混合机、摇摆式颗粒机等，特别是无菌药品生产的混合设备将以料斗混合机为首；高效包衣机逐步替代荸荠式糖衣机等；联动生产线逐步增加并取代单机，如滴眼剂生产线、水针剂生产线、大输液生产线等；在无菌药品生产中，带隔离技术装备将取代原先装备，如带隔离系统（RABS）的灌（分）设备将取代原来的半加塞灌封机或分装机；组合工艺设备增加，如过滤洗涤干燥机等；胶塞清洗机、铝塑泡罩包装机与装盒机组合等产品逐渐增多。

同时受GMP的影响，整体制药装备的质量和性能不断加强，部分国产制药装备，如混合机、冻干机、胶囊充填机、压片机等产品的质量性能与进口设备的质量性能差距将不断缩小，而国产设备的价格优势明显，将形成对进口制药装备的逐步替代。这几年，制药装备据统计，现90%以上的产品能在国内自行配套，国内的已达到或部分超过世界同类产品的技

术水平，出口比例也不断上升，目前，主要出口中东、东南亚及非洲等国家和地区，预计未来随着国产制药装备质量的进一步提升，对欧美的出口量也将会不断加大。

（四）课程与行业

行业的快速发展和设备的先进性和复杂性都需要大批懂技术、懂设备的从业人员，本课程也应运而生。本课程是药物制剂技术、中药制药技术、制药设备应用技术等专业的专业核心课程，研究对象是药物制剂生产过程中的专用设备，研究内容包括制剂设备的结构组成、工作原理、传动原理、调试原理与调试方法、维护与保养方法、管理方法等。本书将对广泛使用的基本剂型，如片剂、胶囊剂、水针剂、粉针剂、输液剂、丸剂等剂型的常用生产设备进行重点介绍。

本课程以制剂生产中实际工作岗位需求的职业能力为目标，按照典型工作过程设置课程项目，以典型制剂设备为载体，是一门实践性很强的专业核心课程。本课程的培养目标是培养学生对典型制剂设备达到"三懂四会"，即：懂结构、懂原理、懂管理，会使用、会维护、会调试、会排故，培养学生成为制剂设备应用技术领域的高素质、技能型人才，为今后从事制剂设备应用技术及相关工作打下坚实的基础。

本课程与相关专业学生的初始就业岗位直接对接，对学生专业技能的形成起直接训练作用，对职业素养的养成起重要培养作用，对学生的可持续发展也起到了重要的支撑作用。

二、 GMP 与制药机械

（一） GMP 与制药生产

《药品生产质量管理规范》（Good Manufacture Practice，GMP）是指导药品生产和质量管理的法规，其主要内容是对企业生产过程的合理性、生产设备的适用性和生产操作的精确

7. GMP 中关于设备的文件内容

性、规范性提出强制性要求。世界卫生组织于 1975 年 11 月正式公布 GMP 标准，我国于 1984 年第一次正式颁布药品 GMP，随后于 1988 年、1992 年、1998 年、2010 年四次修订。《药品生产质量管理规范（2010 年修订）》已于 2010 年 10 月 19 日经卫生部（现国家卫生健康委员会）予以发布，自 2011 年 3 月 1 日起施行。2010 版 GMP 共 14 章、313 条，相对于 1998 年修订的 GMP，篇幅大量增加。新版药品 GMP 吸收国际先进经验，结合我国国情，按照"软件硬件并重"的原则，贯彻质量风险管理和药品生产全过程管理的理念，更加注重科学性，强调指导性和可操作性，达到了与世界卫生组织的 GMP 的一致性。

GMP 规定，药品生产所需的洁净区可分为 A、B、C、D 四个级别。A 级：高风险操作区，如灌装区，放置胶塞桶、敞口安瓿瓶、敞口西林瓶的区域及无菌装配或连接操作的区域。通常用层流操作台（罩）来维持该区的环境状态。层流系统在其工作区域必须均匀送风，风速为 0.36～0.54m/s（指导值）。应有数据证明层流的状态并须验证。在密闭的隔离操作器或手套箱内，可使用单向流或较低的风速。B 级：指无菌配制和灌装等高风险操作 A 级区所处的背景区域。C 级和 D 级：指生产无菌药品过程中重要程度较低的洁净操作区。

为了防止人流、物流之间的混杂和交叉污染，应分别设置人员和物料进出生产区的通道，并有各自的净化用室和设施。工作人员更衣、净化程序见图 1-1。

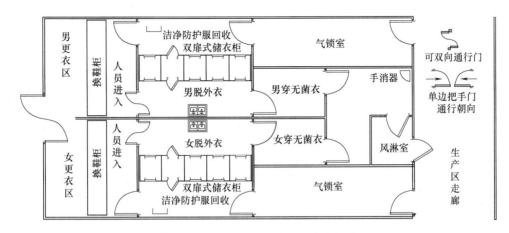

图 1-1　无菌洁净区人员无折返更衣室布局图

（二）　GMP 对制药机械的要求

GMP 第五章是关于设备的条目，共 31 条，内容涉及原则（3 条）、设计与安装（5 条）、维护与维修（3 条）、使用和清洁（8 条）、校准（6 条）、制药用水（6 条）等六部分。第七章是关于确认与验证的条目。概括起来，GMP 对制药机械有如下要求。

1. 设备 GMP 检查要求

（1）设计、卫生要求

① 设备结构尽量简化，符合生产工艺要求，满足安全性和稳定性要求；预留必要的区域，以满足取样和在线监控的要求；备件应通用化、标准化，易于维护。

② 设计和安装必须易于清洁和排空。设备、工具、管道表面要清洁，边角圆滑，无死角，不易积垢，不漏隙，便于拆卸、清洗、清毒、检查和维护；设备内壁光洁、平整、不存在凹陷结构，所有转角圆弧过渡。避免死角、砂眼，并能耐腐蚀；与产品接触的焊接点要满焊，须打磨、抛光。

③ 设备上需要清洗的部件便于拆卸，大型设备在适当的位置留卫生检查和清洁操作的入口。

④ 所有润滑剂和冷却剂应避免与原料、半成品、成品或包装材料相接触。设备在结构设计上尽可能少用润滑油，可采用压缩空气密封。如不可避免，则对那些与裸露的产品直接接触的设备，采用食品级润滑油。其他情况，可使用一般润滑油，但须专人定期检修保养。

⑤ 设备自身密闭性好，确保设备零部件在传动过程中因摩擦产生的微量异物不会带入产品中。

⑥ 设备噪音超过规定须安装消音装置，改善操作环境。

⑦ 干燥设备内的空气应经过高效过滤、灭菌。空气过滤器不能采用易脱落纤维及含有石棉的过滤器，不得使用吸附药品成分或释放异物的过滤装置。

⑧ 管道设计保证不积存原料，各种料液的输送管道接头连接做到严密、光滑、不生锈。管路上尽可能避免盲端、直角或死角。设排污阀或排污口，不用时，能将管内液体完全排空，便于清洗、消毒，防止堵塞。长管和弯曲管应方便拆卸、清洗、消毒，防止微生物繁殖。

（2）材质要求　凡接触药品物料的设备、工具、管道，必须用无毒、无味、抗腐蚀、不吸水、不变形、易清洁的材料制作（不锈钢材质以 304、316 为主）。

（3）设备安装要求

① 设备安装必须符合工艺卫生要求，与屋顶（天花板）、屋梁、墙壁、其他设备等应有足够的距离，一般>10cm；设备安装位置要方便工作人员、设备维护人员的操作和生产物料的通行。

② 开放的生产线上方须加保护罩，传动部分须设置防水、防尘罩；设备内的保护罩/盖、门、窗等均保证能够密封。

③ 要消除生产线上方积集冷凝水的点，所有必要的排汽罩均设置冷凝水排出装置以避免冷凝水掉落到产品中。

④ 生产线上方尽量不安装电机以避免润滑油掉落到产品中，如不能避免，则在电机下面设置收集盘，专人负责定期清理。

⑤ 生产线上方避免人员通道，当无法避免时，在暴露产品的地方应加保护罩，可拆卸、易清洁。

⑥ 无菌室不设置排水口，管道坡度要确保消灭死角，易于管道的清洁。

⑦ 物料及辅料传输选用适宜的传送形式，不同洁净级别区域之间的传输带必须是完全分隔开的，不得互相穿越，避免输送过程中产生交叉污染；传送带要易于清洁，不能安装在盒/箱子里面。

⑧ 设备的电机或其他电动、传动装置须安装封闭的保护装置，以防止产品进入其中。

2. GMP 对设备确认的要求

设备确认的主要包括：设计确认（Design Qualification，DQ）、安装确认（Installation Qualification，IQ）、运行确认（Operational Qualification，OQ）、性能确认（Performance Qualification，PQ）。

（1）设计确认　是指使用方对制造方生产的制药机械（设备）的型号、规格、技术参数、性能指标等方面的适应性进行考察和对制造商进行优选，最后确认与选定订购的制药机械（设备）与制造商，并形成确认文件。

设计确认需要的资料主要有：用户需求文件（URS）、设备选型评审资料、设备采购招投标文件及合同书、设计确认文件、生产地测试文件（FAT）、供应商应提供的其他技术资料。

（2）安装确认　主要是通过产品安装后，确认设备的安装符合设计及安装规范要求，确认设备的随机文件（产品图纸、备品清单、仪表校准等）以及附件齐全。检验并用文件的形式证明产品的存在。

安装确认所需文件有：设备使用说明书、设备安装图、设备各部件及备件的清单、设备安装相应公用工程和建筑设施资料、安装确认草案、相关的标准操作规程（SOP，Standard Operating Procedure）。

安装确认的主要内容包含：开箱检查、安装环境条件确认、安装确认。

（3）运行确认　主要是通过空载或负载运行试验，检查和测试设备运行技术参数计运转性能，通过记录并以文件形式证实制药机械（设备）的能力、使用功能、控制功能、显示功能、连锁功能、保护功能、噪声指标，确认设备符合相应生产工艺和生产能力的要求。

运行确认所需文件有：安装确认报告、SOP 草案、人员培训记录、运行确认草案、设备各部件用途说明、工艺过程详细描述、试验需用的检测仪器校验记录。

运行确认的主要内容：

① SOP 草案的适用性；

② 外部条件工作的可靠性；

③ 仪表显示的准确性（确认前后各进行一次校验）；

④ 设备运行参数的波动性；

⑤ 设备运行的稳定性及安全性。

a. 运转设备应由低速到高速依次提速试车，每次转速试验不少于 2min，最高转速下运行不少于 30min，直至轴承温度稳定。

b. 耐压设备压力从低到高缓慢升压，一般设备作额定压力 1.25 倍的超压试验，特种设备按说明书要求做。

c. 大型动力设备应做 72h 试运行，并以"h"为单位，记录运行参数。

d. 高温设备应从低温到高温逐步升温，测量温度传递参数，有热平衡要求的应做热平衡试验。

e. 电气设备应按试验规范作各类保护动作试验，绝缘等级测试等试验。

f. 控制部分应做各控制元器件动作试验，监测各传感器信号传输情况。

g. 完成上述测试并确认合格后，由操作人员作试运行。试运行分空载运行。满负荷运行和超 10% 负荷运行（超负荷运行控制在 5～10min）。

（4）性能确认 是模拟实际生产情况进行试生产，一般先用空白料进行试车，以初步确定设备的适用性。在试验过程中通过观察、记录、取样检测，搜集及分析数据验证制药机械（设备）在完成制药工艺过程中达到预期目的。

性能确认所需文件有：设备操作 SOP、产品生产工艺规程、产品质量标准及检验 SOP、人员培训记录、性能确认草案。

性能确认的主要内容有：

① 空白料或代用品试生产；

② 产品实物试生产；

③ 进一步确认运行确认过程中考虑的因素；

④ 对产品物理外观质量的影响；

⑤ 对产品内在质量的影响；

⑥ 必要时进行"挑战性试验"——最大、最小负荷（或能力）；

⑦ 管理软件已制定——标准操作规程、批生产记录；

⑧ 人员已培训。

3. GMP 对设备管理的要求

设备管理是实施 GMP 最基本的部分之一。GMP 不但要求设备符合确认要求，更重要的是在管理制度上要保证设备符合生产的工艺要求，保证生产过程连续稳定。设备管理主要分三个部分，即：设备的投资管理、运行管理和后期管理。

（1）设备的投资管理 涉及从规划到投产这一阶段的全部工作。它包括设备方案的构思、调研、论证和决策；自制设备设计和制造；外购设备的采购、订货；设备安装、调试运转；使用初期效果分析、评价和向制造单位的信息反馈等。设备选型依据的原则是技术上先进、工艺上适用、经济上合理。具体应考虑以下 8 个方面：工艺性、生产性、可靠性、维修性、节能性、环保性、灵活性、经济性。对上述因素要统筹兼顾，全面权衡利弊。

（2）设备的运行管理　是指设备从开始使用至开始频繁出现小故障这一段时间。这一时期对大部分设备而言运行较为平稳，很少出现较大的问题。但这一时期是今后较大故障的酝酿期，若没有较好的保养、维护，设备将很快进入衰老期。因此，中期管理的任务是加强维护、巡回检查以及日常整修工作。

① 设备维护。包括日常维护、定期维护、清扫或清洗、润滑、清洁、调整，并建立三级维护保养网，从而达到减少设备磨损，延长设备使用寿命，消除事故隐患，保证生产任务完成的目的。设备应有日常保养计划和实施的工作卡，由设备操作人员负责执行。

② 状态检查。包括对重点设备的定期性检查，精密设备的定期精度检查，设备完好检查以及由维修人员按区域负责的日常巡回检查等几项。

③ 日常整修。由维修保全工或维修工程师负责，及时排除巡回检查或其他状态检查中发现的设备缺陷或劣化状态。其主要维修策略可选择：以预防维修（PM）为主、以纠正性维修（DOM）、故障维修（OTF）等为辅的维修策略。关键设备的预防维修的执行应受质量管理体系的监督。

（3）设备的后期管理　主要有设备状态信息，预防维护信息、设备更新报废信息等。各种信息必须建立在设备使用部门、维修部门、供应部门制度的基础上，其目的是保证设备在生产过程中，能严格按照生产工艺的要求，符合GMP，并能在此基础上提高设备综合管理水平，追求设备寿命周期费用的最经济性。

① 建立设备维修管理制度。应从实际出发，选择适宜的方法，建立适合本企业的设备维修系统。

② 制订规程。制订每一台专用设备的清洗规程、维修规程等，坚持定期维修和状态维修，针对设备在使用过程中存在的局部缺陷进行修复、更换，以使其尽快恢复精度性能，把问题解决在萌芽状态。

③ 大修。按大修理周期，结合设备普查的状态，并对设备维修的历史记录各项数据进行分析后，确定恢复性和包括改造的修理。

④ 加强故障控制与管理，健全维修记录。设备维修管理中，很重要的一个环节，就是有计划地控制故障的发生，防止故障重复。应采取以下一些措施：一是通过区域负责、维修工日常检修和按计划安排的设备状态检查，对故障信息及积累的各种原始记录，进行整理分析，了解故障规律，针对各类型设备的特点，采取适当的对策，在预测故障发生之前进行有计划的"日常维修"，改变过去事后被动状态。二是通过各种维修后的原始记录，包括设备的安装试车、历次修理、改装等的变化后，了解故障发生的原因和部位，突出重点采取措施。三是将设备管理的原始凭证，如设备定期检查卡、设备维修情况反馈表、设备故障清修单、设备项目修理施工单、设备完好状态单等，作为设备管理的主要依据。

8.查一查、工业案例解析

⑤ 建立信息反馈制度。信息反馈主要有两种：一是车间基层修理组现场反馈；二是向维修职能部门反馈并填写"设备完好状态反馈单"，作为设备维修管理的重要依据。

查一查：GMP中哪条规定制药设备使用和清洁须按操作规程呢？

想一想：关于制药设备的SOP有哪些？

📖**工业案例1**

小王大学毕业后到某药厂从事生产技术工作，生产部长让他编写车间刚安装的高速压片机的 SOP，结果小王不知道该怎么编。

讨论：同学们帮帮他，该怎样编写 SOP？

📖**工业案例2**

小李大学毕业后到某药厂从事设备管理工作，药厂要新建一个冻干粉针剂车间，需要购买成套生产设备。

讨论：同学们帮帮他，该怎样制订采购方案？

任务二 制剂设备基础知识

制药设备是集制药工艺、化工机械、材料科学、自动化控制、制造工艺、计算机技术等多学科知识于一体的交叉学科。下面介绍制药设备的机械、材料和自动控制的基础知识。

一、常用传动机构

机械传动在制药设备中应用非常广泛，指利用机械方式传递动力和运动的传动机构。常用的有带传动、链传动、齿轮传动、蜗杆传动、四杆机构、凸轮机构等。

（一）带传动

带传动由主动带轮、从动带轮和传动皮带组成，如图 1-2 所示，适用于传动距离比较大的场合。按传动原理不同，带传动分为摩擦型和啮合型两类。

9.带、链、齿轮传动的失效形式

1. 摩擦型带传动

摩擦型带传动是依靠带和带轮之间的摩擦力来传递运动和动力。按传动带截面形状不同可分为平形带、V 形带（又称三角带）、圆形带等类型，如图 1-3 所示。普通 V 形带无接头，摩擦力较大，所以能传递较大的功率，传动平稳，应用最广泛。

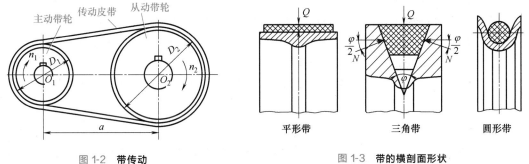

图 1-2 带传动　　　　　　图 1-3 带的横剖面形状

传动比指两带轮角速度的比值，是带传动的一个重要参数。

传动比 $i=$ 主动轮转速 n_1/从动轮转速 $n_2=$ 从动轮直径 D_2/主动轮直径 D_1

2. 啮合型带传动

啮合型带传动即同步齿形带传动，简称同步带，也称正时带。如图 1-4 所示，靠带齿与轮齿啮合实现传动。由于带与轮无相对滑动，能保持两轮的圆周速度同步，故称为同步齿形带传动，适用于精确传动比的场合。

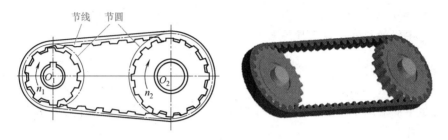

图 1-4   同步齿形带传动

（二）链传动

链传动是以链条作为中间挠性件，靠链与链轮轮齿的啮合来传递运动和动力。链传动由主动链轮、从动链轮和与啮合链条所组成，见图 1-5。它适用于中心距较大、要求平均传动比准确或工作条件恶劣（如温度高、有油污、淋水等）的场合。

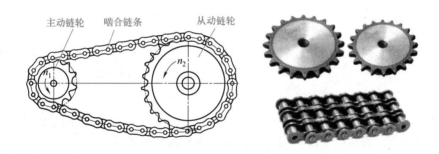

图 1-5   链传动、链轮、链条

（三）齿轮传动

齿轮传动是主、从动轮齿廓曲面直接接触（相互啮合）来传递运动和动力的一种直接的啮合传动。齿轮传动效率高、传动可靠，是应用最广泛的传动机构之一。按其外形分为圆柱齿轮、锥齿轮、非圆齿轮、齿条、蜗杆蜗轮。按齿线形状分为直齿轮、斜齿轮、人字齿轮、曲线齿轮。按轮齿所在的表面分为外齿轮、内齿轮。按制造方法可分为铸造齿轮、切制齿轮、轧制齿轮、烧结齿轮等。常见齿轮传动的类型如图 1-6 所示。

生产中经常采用一系列相互啮合的齿轮组成的轮系以实现较远距离的传动，如图 1-7 所示。

（四）蜗杆传动

蜗杆传动是传递空间交错两轴间的运动和动力的一种齿轮传动，由蜗杆和蜗轮组成，蜗杆是螺旋齿，蜗轮沿齿宽方向做成圆弧形，将蜗杆部分包住，蜗杆蜗轮啮合时是线接触，如图 1-8 所示。通常两轴交错角为 90°。在一般蜗杆传动中，都是以蜗杆为主动件，蜗轮为从动件。

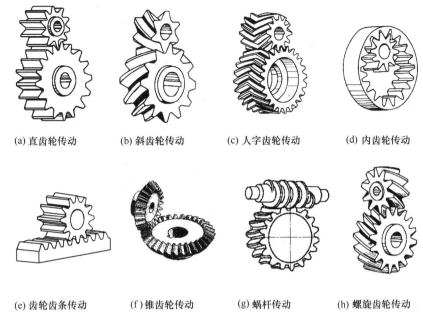

(a) 直齿轮传动　　　(b) 斜齿轮传动　　　(c) 人字齿轮传动　　　(d) 内齿轮传动

(e) 齿轮齿条传动　　(f) 锥齿轮传动　　　(g) 蜗杆传动　　　(h) 螺旋齿轮传动

图 1-6　**齿轮传动常见种类**

传动比 $i=n_1/n_2=$ 蜗轮齿数 $z_2/$ 蜗杆头数 z_1

通常蜗杆头数很少（$z_1=1\sim4$），蜗轮齿数很多（$z_2=30\sim80$），所以蜗杆传动可获得很大的传动比而使机构比较紧凑。单级蜗杆传动的传动比 $i\leqslant100\sim300$，传递动力时常用 $i=5\sim83$。且传动平稳、可以实现自锁，常用于减速箱，如图 1-9 所示。

图 1-7　**轮系**　　　　　图 1-8　**蜗杆传动**　　　　　图 1-9　**蜗轮减速箱**

（五）平面四杆机构及其演化

平面四杆机构是由四个刚性构件用低副链接组成的，各个运动构件均在同一平面内运动的机构。

1. 平面四杆机构的基本形式

所有运动副均为转动副的四杆机构称为铰链四杆机构，它是平面四杆机构的基本形式，其他四杆机构都可以看成是在它的基础上演化而来的，如图 1-10 所示。在此机构中，构件 4 为机架，直接与机架相连的构件 1、3 称为连架杆，不直接与机架相连的构件 2 称为连杆。能做整周回转的连架杆称为曲柄，如构件 1。仅能在某一角度范围内往复摆动的连架杆称为摇杆，如构件 3。

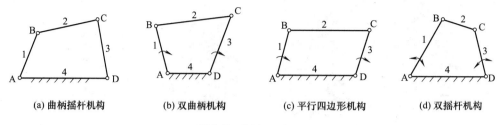

(a) 曲柄摇杆机构　　　(b) 双曲柄机构　　　(c) 平行四边形机构　　　(d) 双摇杆机构

图 1-10　铰链四杆机构

（1）曲柄摇杆机构　铰链四杆机构中，若两连架杆中有一个为曲柄，另一个为摇杆，则称为曲柄摇杆机构，如图 1-10（a）所示。图 1-11 所示的颚式粉碎机机构及图 1-12 所示的搅拌器机构均为曲柄摇杆机构的应用实例。

（2）双曲柄机构　两连架杆均为曲柄，称为双曲柄机构，如图 1-10（b）所示。若两对边构件长度相等且平行，则称为平行四边形机构，如图 1-10（c）所示，传动特点是主动曲柄 AB 和从动曲柄 CD 均以相同角速度转动，连杆 BC 作平动。

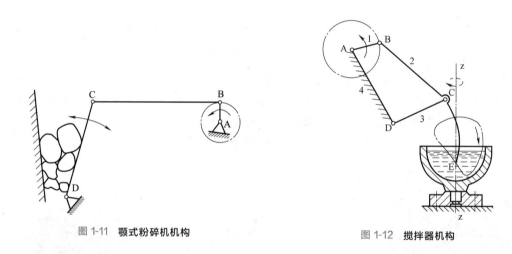

图 1-11　颚式粉碎机机构　　　　　　　　　　　图 1-12　搅拌器机构

图 1-13 所示为惯性筛机构，是双曲柄机构的应用。图 1-14 所示的机车车轮联动机构就是平行四边形机构的应用实例。

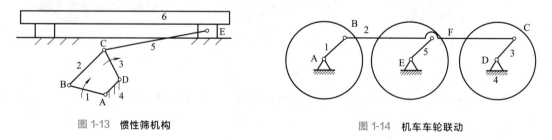

图 1-13　惯性筛机构　　　　　　　　　　　图 1-14　机车车轮联动

（3）双摇杆机构　若两连架杆均为摇杆，则称为双摇杆机构，如图 1-10（d）所示。图 1-15 所示的鹤式起重机中的四杆机构 ABCD 即为双摇杆机构，当主动摇杆 AB 摆动时，从动摇杆 CD 也随之摆动，位于连杆 BC 延长线上的重物悬挂点 E 将沿近似水平直线移动。

　　2. 平面四杆机构的演化

典型的平面四杆机构的演化形式是曲柄滑块机构，如图 1-16 所示。图 1-17 所示的药厂

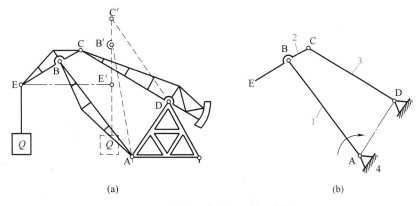

图 1-15　鹤式起重机机构及其运动简图

常用的自动送盒机构就是曲柄滑块机构。

图 1-16　曲柄滑块机构

图 1-17　自动送盒机构

　　将曲柄滑块机构的曲柄做成偏心轮，这样形成的机构即称为偏心轮机构，如图 1-18 所示，用于承受较大冲击载荷或曲柄长度受到限制的机构中。图 1-19 所示即为偏心轮机构在单冲压片机上的应用。

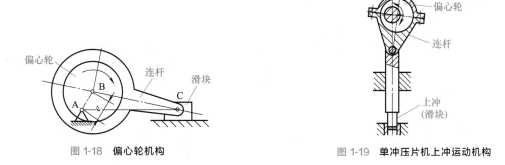

图 1-18　偏心轮机构

图 1-19　单冲压片机上冲运动机构

（六）凸轮机构

　　凸轮机构是由凸轮、从动件和机架三个基本构件组成的高副机构。凸轮是一个具有曲线轮廓或凹槽的构件，一般为主动件，作等速回转运动或往复直线运动。从动件的运动规律取决于凸轮的轮廓线或凹槽的形状，凸轮机构可将连续的旋转运动转化为往复的直线运动或往复摆动，广泛地应用于各种机械，特别是自动机械、自动控制装置和自动生产线中。

　　凸轮机构的类型很多，按照凸轮的形状分为盘形凸轮、移动凸轮、圆柱凸轮；按照从动件的形状分为尖端从动件、曲面从动件、滚子从动件、平底从动件；按从动件运动形式分为移动式和摆动式。

如图 1-20 所示为盘形凸轮机构，结构简单，应用最广，是凸轮最基本的形式。图 1-21 所示为移动凸轮，图 1-22 所示为圆柱凸轮，图 1-23 所示为圆柱端面凸轮。图 1-24 所示为内燃机的配气机构。图 1-25 所示为自动机床的进刀机构。

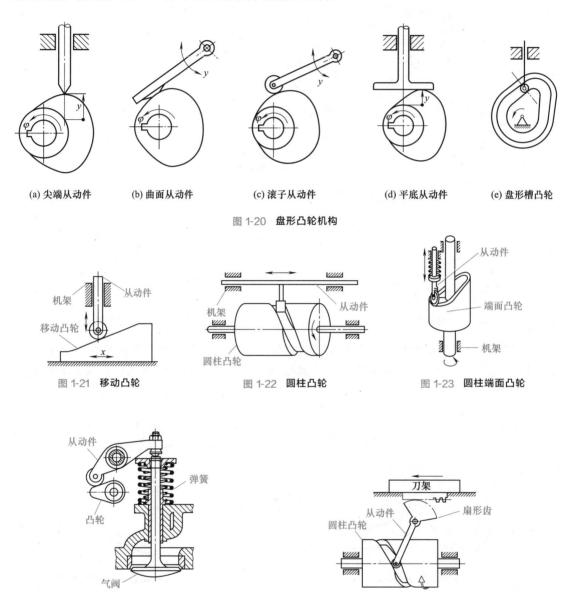

(a) 尖端从动件　　　(b) 曲面从动件　　　(c) 滚子从动件　　　(d) 平底从动件　　　(e) 盘形槽凸轮

图 1-20　盘形凸轮机构

图 1-21　移动凸轮　　　　　图 1-22　圆柱凸轮　　　　　图 1-23　圆柱端面凸轮

图 1-24　内燃机配气机构　　　　　图 1-25　自动进刀机构

（七）间歇运动机构

有些机械需要其构件周期地运动和停歇。能够将原动件的连续转动转变为从动件周期性运动和停歇的机构称间歇运动机构。常用的间歇运动机构有：棘轮机构、槽轮机构、分度机构、不完全齿轮传动等。除了上述机构外，还有气动、液压步进机构、微电脑控制与机械机构相配合的机电一体化机构等，以实现更为复杂的间歇运动。

1. 棘轮机构

棘轮机构是由棘轮、棘爪、机架等组成。工作原理如图 1-26 所示，主动杆空套在与棘轮固定在一起的从动轴上，驱动棘爪与主动杆转动副相连，并通过弹簧的张力使驱动棘爪压向棘轮。当主动杆逆时针方向摆动时，驱动棘爪插入棘轮齿槽，推动棘轮转过一个角度。当主动杆顺时针方向摆动时，棘爪被拉出棘轮齿槽，棘轮处于静止状态，从而实现棘轮作单向的间歇转动。主动杆的往复摆动可以利用连杆机构、凸轮机构、气动机构、液压机构或电磁铁等来驱动。棘轮机构主要用于将周期性的往复运动转换为棘轮的单向间歇转动，也常用于防逆转装置。

2. 槽轮机构

槽轮机构有外啮合和内啮合两种，如图 1-27 所示。槽轮机构是由带圆盘销的拨盘（或转臂）和具有径向槽的槽轮和机架所组成。当圆销插入槽轮的槽中，带动槽轮转动，当圆销离开槽时，槽轮停止转动，完成了将主动拨盘的连续转动变换为槽轮的周期性单向间歇转动。槽轮每次转动的角度取决于槽轮上的槽数，槽数越多，转角越小。但槽轮的槽数越少，槽轮的角速度及角加速度越大，引起的冲击，振动亦越大，因此通常槽轮的槽数取 4～8。拨盘每转一周，槽轮转动的次数与拨盘上的圆销数相同。

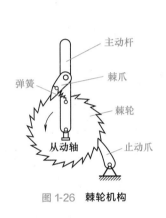

图 1-26　**棘轮机构**

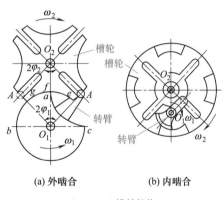

(a) 外啮合　　　(b) 内啮合

图 1-27　**槽轮机构**

槽轮机构结构简单、工作可靠、转位迅速、工作效率高。其缺点是制造装配精度要求较高，且转角大小不能调节。

3. 分度机构

分度机构即转位凸轮机构，由转位凸轮、带销的分度盘、机架组成。当凸轮连续转动时，带动从动分度盘按角度间歇旋转。其结构如图 1-28 所示，分度机构的动力特性、运转速度、分度精确性和步进周期都比棘轮机构和凸轮机构优越。它在胶囊充填、针药灌装等机器中应用较多。

4. 不完全齿轮传动

不完全齿轮传动也称欠齿轮传动。它是由切去部分齿的主动齿轮与全齿或非全齿的从动齿轮啮合而构成。其步进运动原理是利用主动齿轮的欠齿部分与从动齿轮脱开啮合，使从动齿轮及其所带动的从动部件停止不动并锁紧定位。不完全齿轮传动可分为外啮合式不完全齿轮传动和内啮合式不完全齿轮传动两种基本形式，如图 1-29 所示。

二、制剂设备常用材料

制药生产过程一般较为复杂，操作条件（如温度、压力等）复杂，工作介质种类较多，且大多具有腐蚀性，故设备材料既要满足机械强度要求，还应满

10.材料的性能

足防腐蚀等各种不同的要求。

用于制药设备的材料有金属材料和非金属材料两大类，金属材料分为黑色金属和有色金属，非金属材料分为高分子材料、陶瓷材料和复合材料。

图 1-28　蜗杆凸轮分度机构

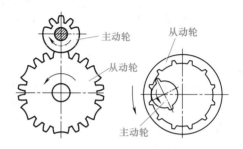

图 1-29　不完全齿轮机构

（一）金属材料

1. 黑色金属

黑色金属包括铸铁、钢、铁合金，其性能优越、价格低廉、应用广泛。

11.奥氏体不锈钢简介

（1）铸铁：铸铁是含碳量大于 2.11％ 的铁碳合金，有灰口铸铁、白口铸铁、可锻铸铁、球墨铸铁等种类，其中灰口铸铁具有良好的铸造性、减摩性、减震性、切削加工性等，在制剂设备中应用最广泛，但其也有机械强度低、塑性和韧性差的缺点，多做机身、底座、箱体、箱盖部件。

（2）钢：钢是含碳量小于 2.11％ 的铁碳合金。按组成可分为碳素钢和合金钢，按用途可分为结构钢、工具钢和特殊钢，按所含有害杂质（硫、磷等）的多少可分为普通钢、优质钢和高级优质钢。这类材料使用非常广泛，根据其强度、塑性、韧性、硬度等性能特点，可分别用于制作铁钉、铁丝、薄板、钢管、容器、紧固件、轴类、弹簧、连杆、齿轮、刃具、模具、量具等。特殊钢中的不锈钢因其耐腐蚀性而广泛应用于医疗器械和制药装备中，常用的有铬不锈钢和铬镍不锈钢，广泛用于制药设备的不锈钢牌号是 0Cr18Ni9（美标 SUS304）、0Cr17Ni12Mo2（美标 SUS316），均为奥氏体不锈钢，316 的防腐蚀性能优于 304。

2. 有色金属

有色金属是指黑色金属以外的金属及其合金。为重要的特殊用途材料，其种类繁多，制剂设备中常用铝和铝合金、铜和铜合金。

（1）铝和铝合金：工业纯铝一般只作导电材料，铸造铝合金只用于铸造成型，形变铝合金塑性较好可用于冷、热加工和切削加工。

（2）铜和铜合金：工业纯铜（紫铜）一般只作导电和导热材料，特殊黄铜有较好的强度、耐腐蚀性、可加工性，在机器制造中应用较多；青铜有较好的耐磨性、耐腐蚀性、塑性，在机器制造中应用也较多。

（二）非金属材料

非金属材料是指金属材料以外的其他材料，按其性质可分为无机非金属材料和有机非金属材料，按使用方法可分为结构材料、衬里材料、胶凝材料、涂料及浸渍材料等。本节主要介绍药厂常用的高分子材料、陶瓷材料和复合材料。

1. 高分子材料

高分子材料包括塑料、橡胶、合成纤维等。其中工程塑料运用最广，包括热塑性塑料和热固性塑料。

（1）热塑性塑料：受热软化，能塑造成形，冷后变硬，此过程有可逆性，能反复进行。具有加工成形简便、机械性能较好的优点。氟塑料、聚酰亚胺还有耐腐蚀性、耐热性、耐磨性、绝缘性等特殊性能，是优良的高级工程材料，聚乙烯、聚丙烯、聚苯乙烯等的耐热性、刚性却较差。但新型的聚对苯二甲酸乙二醇酯（PET）及其系列产品（如PETG、APET等）具有优良的机械性能、化学性能及环保性能，应用广泛。

（2）热固性塑料：包括酚醛塑料、环氧树脂、氨基塑料、聚邻（间）苯二甲酸二丙烯酯等。此类塑料在一定条件下加入添加剂能发生化学反应而致固化，此后受热不软化，加溶剂不溶解。其耐热和耐压性好，但机械加工性能较差。

2. 陶瓷材料

陶瓷材料包括各种陶器、耐火材料等。

（1）传统工业陶瓷：主要有绝缘瓷、化工瓷、多孔滤过陶瓷。绝缘瓷一般作绝缘器件，化工瓷作重要器件、耐腐蚀的容器和管道及设备等。

（2）特种陶瓷：亦称新型陶瓷，是很好的高温耐火结构材料。一般用作耐火坩埚及高速切削工具等，还可作耐高温涂料、磨料和砂轮。

（3）金属陶瓷：既有金属的高强度和高韧性，又有陶瓷的高硬度、高耐火度、高耐腐蚀性，是优良的工程材料，用作高速工具、模具、刃具。

3. 复合材料

复合材料中最常用的是玻璃钢（玻璃纤维增强工程塑料），它是以玻璃纤维为增强剂，以热塑性或热固性树脂为黏结剂分别制成热塑性玻璃钢和热固性玻璃钢。热塑性玻璃钢的机械性能超过了某些金属，可代替一些有色金属制造轴承（架）、齿轮等精密机件。热固性玻璃钢有质量轻以及比强度、介电性能、耐腐蚀性、成型性好的优点，但也有刚度和耐热性较差、易老化和蠕变的缺点，一般用作形状复杂的机器构件和护罩。

三、制剂设备常用控制元件

现代制剂设备集机电光仪一体化，基本实现了电气自动化控制。自动化设备一般包含动力元件、执行元件、控制元件、输入/输出（I/O）元件、机械传动元件。传动元件指皮带、齿轮、链条等。

（一）动力元件和执行元件

动力元件主要有驱动电机和气动系统两大类；执行元件包括电机、电磁阀、充放电电容、电感等。

1. 气动系统元件

气动系统元件有气缸和气马达两大类。用压缩空气为动力，产生直线运动或摆动，对外界输出力作功的执行元件称为气缸；用压缩空气为动力，产生回转运动对外界输出力矩作用的执行元件称为气马达，相当于电气传动中的电动机。

通常用气动控制阀来控制和调节压缩空气的压力、流量和方向，以保证气动执行机构按规定的要求进行工作。气动控制阀按其作用可分为压力控制阀、流量控制阀及方向控制阀。

压力控制阀主要有减压阀、安全阀和顺序阀。减压阀又称为调压阀，多带有溢流装置；

安全阀是防止气动装置和设备的气压超过给定值，对系统起过压保护作用的压力控制阀；顺序阀是通过气路本身压力变化过程控制两个气动执行机构的顺序动作，用于两个执行机构的程序控制场合。如：在两个气缸并联的气路中，顺序阀与后动作的第二个气缸串联。当通气时，第一个气缸活塞先动作，只有在第一个气缸活塞动作完成后，进入顺序阀的气路压力上升至超过由弹簧压力控制的顺序阀开启压力，顺序阀处于开启状态，第二个气缸活塞才开始动作。

流量控制阀是调节和控制压缩空气流量和流速的阀类，包括速度控制阀和延时阀两类。

方向控制阀是用来控制压缩空气流动方向或气路的通断，达到自动或远距离控制各种气动执行机构，可分为换向阀和单向阀。换向阀是实现气路的换向、顺序动作及卸荷的阀门。单向阀是用于气动系统中防止气体反向流动的阀门。

2. 执行电机

执行电机主要有步进电机和伺服电机。

12.步进电动机和伺服电动机对比

步进电机是将电脉冲信号转变为角位移或线位移的机电元件，在非超载的情况下，当步进驱动器接收到一个脉冲信号，它就驱动步进电机按设定的方向转动一个固定的角度，称为"步距角"。通过控制脉冲个数来控制角位移量，从而达到准确定位的目的；可以通过控制脉冲频率来控制电机转动的速度和加速度，从而达到高速的目的。步进电机是开环控制。

伺服电机在自动控制系统中用作执行元件，把收到的电信号转换成电机轴上的角位移或角速度输出。伺服电机内部的转子是永磁铁，驱动器控制的U/V/W三相电形成电磁场，转子在此磁场的作用下转动，同时电机自带的编码器反馈信号给驱动器，驱动器根据反馈值与目标值进行比较，调整转子转动的角度。伺服电机的精度决定于编码器的精度（线数），也就是说伺服电机本身具备发出脉冲的功能，它每旋转一个角度，都会发出对应数量的脉冲，这样伺服驱动器和伺服电机编码器的脉冲形成了呼应，是闭环控制。伺服电机的综合性能优于步进电机，但成本较高。

3. 电磁阀

电磁阀是利用励磁线圈通电产生的磁力，控制电磁铁带动铁芯下端阀芯使管路通断的一种阀门，可以制成输送气体、液体、蒸汽的耐中温、耐高温、有腐蚀性或有洁净要求流体的各种用途阀门。电磁阀依据断电时阀芯的位置有常闭式和常开式，阀芯结构型式有截止式和膜片式。在药剂设备的液体灌装、灭菌、在线清洗等操作程序控制中广泛使用电磁阀。

（二）控制元件

控制元件有 PLC、单片机、工控机、继电器、各种信号开关、变频器、断路器等。

1. PLC、单片机、工控机

PLC 即 Programmable Logic Controller，可编程逻辑控制器，专为工业生产设计的一种数字运算操作的电子装置。它采用一类用于其内部存储的程序，执行逻辑运算、顺序控制、定时、计数与算术操作等面向用户的指令，并通过数字或模拟式输入/输出控制各种类型的机械或生产过程，是工业控制的核心部分。PLC 的硬件结构是可变的，软件程序是可编的，必要时可编写多套或多组程序，依需要调用，适应于工业现场多工况、多状态变换的需要。

PLC 按结构分为整体型和模块型；按应用环境分为现场安装和控制室安装两类；按中央处理器（CPU）字长分为 1 位、4 位、8 位、16 位、32 位、64 位等。整体型 PLC 的 I/O

点数固定，因此用户选择的余地较小，用于小型控制系统；模块型提供多种 I/O 卡件或插卡，因此用户可较合理地选择和配置控制系统的 I/O 点数，功能扩展方便灵活，一般用于大中型控制系统。

单片机也被称为微控制器（microcontroller），是一种集成电路芯片，是采用超大规模集成电路技术把具有数据处理能力的 CPU、随机存储器（RAM）、只读存储器（ROM）、多种 I/O 口和中断系统、定时器/计数器等功能（可能还包括显示驱动电路、脉宽调制电路、模拟多路转换器、A/D 转换器等电路）集成到一块硅片上构成的一个小而完善的微型计算机系统，在工业控制领域广泛应用。

工控机全称工业控制计算机，是一种采用总线结构，对生产过程及机电设备、工艺装备进行检测与控制的工具总称。主要结构、工作原理和商用电脑相同，区别是工控机可能在有电磁场力干扰、粉尘、烟雾、高/低温、潮湿、震动、腐蚀的工作环境里工作，必须具有更好的抗干扰性能。

2. 继电器、断路器

继电器是具有隔离功能的自动开关元件，它利用电流、电压、时间、速度、温度等信号来接通和分断小电流电路，起控制、保护、调节和传递信息的作用。由于其体积小、重量轻、结构简单、灵敏度高，故广泛应用于电动机或线路的保护及各种生产机械的自动控制。常用的有热继电器、中间继电器、速度继电器、时间继电器等。

断路器是指能够关合、承载和开断正常或异常回路条件下的电流的开关装置。断路器可用来分配电能，不频繁地启动异步电动机，对电源线路及电动机等施行保护，断路器按其使用范围分为高压断路器与低压断路器。

3. 变频器

变频器是应用变频技术与微电子技术，通过改变电机工作电源频率方式来控制交流电动机的电力控制元件。其作用是改变交流电机供电的频率和幅值，达到平滑控制电动机转速的目的。

变频器的出现，使得复杂的调速控制简单化，用变频器＋交流鼠笼式感应电动机组合替代了大部分原先只能用直流电机完成的工作，缩小了体积，降低了维修率，使传动技术发展到新阶段。

（三） I/O 元件

I/O 元件是输入/输出设备，包含各类传感器、显示器、触摸屏等。

1. 传感器

传感器是一种检测装置，是实现自动检测和自动控制的首要环节。它能感受到被测量的信息，并能将感受到的信息，按一定规律变换成为电信号或其他所需形式的信息输出，以满足信息的传输、处理、存储、显示、记录和控制等要求。根据其基本感知功能分为热敏元件、光敏元件、气敏元件、力敏元件、磁敏元件、湿敏元件、声敏元件、放射线敏感元件、色敏元件和味敏元件等十大类。

2. 触摸屏

触摸屏不能直接控制和显示设备中的数据和运行，需要和 PLC 连接，来读取 PLC 中程序的进程或者是运行数据，从而进行实时的显示、监控或进行控制。所以在设计时必须对触摸屏和 PLC 程序进行协调设置、共同编程，这样才能在运行中读出实时数据或进行有效控制。

13.查一查解析

查一查：步进电机和伺服电机多少钱呢？

讨论：步进电机和伺服电机的应用实例有哪些？

 项目小结

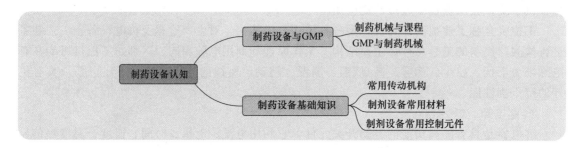

14.项目检测
参考答案

项目检测

一、单项选择题

1. 制药机械按 GB/T 15692—2008 可分为（　　），制剂机械按 GB/T 15692—2008 可分为（　　）。

A. 6 类　　　　　　B. 8 类　　　　　　C. 13 类　　　　　　D. 16 类

2. 下列属于制剂机械的是（　　）。

A. 粉碎机　　　　　B. 热交换器　　　　C. 栓剂机械　　　　D. 饮片机械

3. 下列属于黑色金属材料的是（　　），属于有色金属材料的是（　　）。

A. 铝　　　　　　　B. 陶瓷　　　　　　C. 塑料　　　　　　D. 不锈钢

4. 能够将连续转动转化为间歇转动的机构有（　　）。

A. 齿轮传动　　　　B. 凸轮机构　　　　C. 分度机构　　　　D. 曲柄滑块机构

5. PLC 是（　　）。

A. 执行元件　　　　B. 控制元件　　　　C. 传动元件　　　　D. 动力元件

二、多项选择题

1. 蜗杆传动的特点是（　　）。

A. 传动比大　　　　　　　　　　　B. 磨损严重

C. 可以实现较远距离传动　　　　　D. 可自锁

2. 能够将连续转动转化为往复移动的机构有（　　）。

A. 槽轮机构　　　　B. 凸轮机构　　　　C. 棘轮机构　　　　D. 曲柄滑块机构

3. 下列属于非金属材料的是（　　）。

A. 玻璃钢　　　　　B. 橡胶　　　　　　C. 铸铁　　　　　　D. 金属陶瓷

4. 执行元件包括（　　）。

A. 执行电机　　　　B. 电磁阀　　　　　C. 充放电电容　　　D. 电感

5. 下列属于控制元件的有（　　）。

A. PLC　　　　　　B. 继电器　　　　　C. 变频器　　　　　D. 触摸屏

项目二
散剂生产设备

 项目导入

散剂是将药物及辅料经粉碎、过筛、混匀而制成的干燥粉末状制剂，是最古老的传统剂型之一。散剂可直接作为剂型，也是颗粒剂、胶囊剂、片剂、混悬剂、气雾剂等剂型制备的中间体。散剂的生产过程及主要设备如图 2-1 所示。

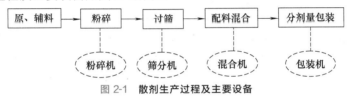

图 2-1　散剂生产过程及主要设备

散剂是口服固体制剂，口服固体剂型还有颗粒剂、片剂、胶囊剂、丸剂等，在药物制剂中约占 70%。制备口服固体制剂的前处理单元操作相同，如：将药物粉碎过筛后与其他组分均匀混合后直接分剂量分装，可制得散剂；将药粉制粒后分装，即可制得颗粒剂；将药粉或颗粒压缩成形，可制备成片剂；将药粉或颗粒分装入胶囊中，可制备成胶囊剂等。因而，粉碎机、筛分机、混合机都可以通用。

本项目选取了散剂生产中应用广泛的、先进的设备作为学习载体，共有三个学习任务：任务一粉碎机；任务二筛分机；任务三混合机。

学习目标

知识目标：1. 了解散剂生产工艺及所用设备的种类。

2. 熟悉常用散剂设备的结构组成和工作原理。

技能目标：1. 会按 SOP 正确使用和操作万能粉碎机、旋振筛、三维混合机。

2. 会按 SOP 清场、维护散剂设备。

3. 会对万能粉碎机、旋振筛、三维混合机常见故障进行分析并排除。

创新目标：分析不同类型粉碎机、筛分机、混合机的微创新。

思政目标：探讨药品的双刃性，培养学生仁心仁术的道德情操。

任务一　粉碎机

粉碎机是将大尺寸的固体物料借助机械力粉碎至小颗粒至微粉粒的机械。粉碎的目的是增加药物的表面积，便于各成分混合均匀和服用，促进药物的溶解与吸收，提高药物的生物利用度，同时便于制备多种剂型，如散剂、颗粒剂、丸剂、片剂、浸出制剂。粉碎过程通常由剪切、摩擦、撞击、挤压、劈裂、研磨、锉削等作用力实现。

一、概述

15.粉碎机发展历程

药厂使用的粉碎机种类很多。按细度分可分为破碎机（将整块物料破碎到可以进入粉碎机要求的细度）、普通粉碎机（40～120目，360～120微米）、细粉碎机（120～200目，75～120微米）、超细粉碎机（200～500目，25～75微米）、超微粉碎机（500目以上，小于25微米），以及特殊粉碎机。

按工作原理分可分为机械式粉碎机、气流粉碎机、低温粉碎机和研磨机四个大类，粉碎原理不同，细度也不同。

（1）机械式粉碎机　以机械方式为主，对物料进行粉碎的机械，它又分为齿式粉碎机、锤式粉碎机、刀式粉碎机、涡轮式粉碎机、压磨式粉碎机和铣削式粉碎机六小类。

（2）气流粉碎机　通过粉碎室内的喷嘴把压缩空气（或其他介质）形成气流束变成速度能量，促使物料之间产生强烈的冲击、摩擦达到粉碎目的。

（3）低温粉碎机　经低温（最低温度－70℃）处理，对物料进行粉碎。

（4）研磨机　通过研磨体、头、球等介质的运动对物料进行研磨，使物料研磨成超细度混合物，又分为：

① 球磨机：由瓷质球体或不锈钢球体为研磨介质，对物料进行研磨。

② 乳钵研磨机：由立式磨头对乳钵的相对运动，对物料进行研磨。

③ 胶体磨：由成对磨体（面）的相对运动，对液固相物料进行研磨。

常用的粉碎机有万能粉碎机、锤式粉碎机、球磨机、气流粉碎机、胶体磨等。

二、药厂常用粉碎机

16.万能粉碎机

1. 万能粉碎机

万能粉碎机又称药用齿式粉碎机。型号标注按 JB/T 20165—2014，如 FYL230型，表示转子工作直径是 230mm，水冷型（L—水冷型，普通风冷式不表示）药用齿式粉碎机（FY）。

药用齿式粉碎机由粉碎系统及吸尘系统两部分组成，如图 2-2 所示。粉碎系统由进料斗、粉碎室、出料口组成，粉碎室由机壳、机盖组成，机壳内装有转动齿盘、环状筛板，机盖上安装固定齿盘，当电机带动转动齿盘高速运转时，物料被抛进钢齿的间隙，在物料与钢齿或物料彼此间的相互冲击、剪切、摩擦等综合作用下，首先获得破碎。破碎后的物料在气流的带动下，沿着转子外沿，连续不断地受到齿板、筛板的打击、碰撞、搓擦而被持续粉碎。当物料被粉碎到小于筛孔直径时则通过筛孔落入下方的出料口，成为成品。粒度大小由更换不同目数的筛网决定。粉碎机工作时产生的粉尘在风力作用下进入粉尘收集室，由除尘布袋过滤粉尘，定时清理。

17.万能粉碎机操作、维保、清洁SOP

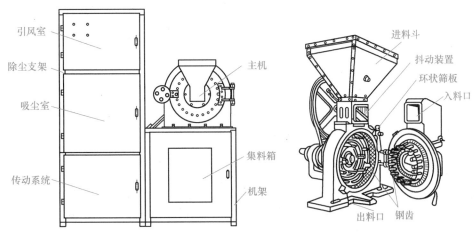

图 2-2　**药用齿式粉碎机**

万能粉碎机适用于各种干燥的、中等硬度物料的中、细粉碎，如结晶性药物、非组织性脆性物料、干浸膏颗粒等。但粉碎过程会发热，因此，不适宜粉碎含有大量挥发性成分的药物、具有黏性的药物和硬度较大的矿物药。

操作时应关闭机盖，启动吸尘机，待风机运行平稳后，再启动主机，空载运行约 2 分钟，观察主机、吸尘风机运行稳定后方可投料。加料时，调整进料闸门大小，将物料按设定速度定量送进粉碎室内，避免发生闷车事故。粉碎工作结束时，先停止供料，视出料口无粉后，先停主机再停风机。

18.粉碎机"闷车"解析

> 查一查：什么叫粉碎机"闷车"呢？
> 讨论：怎样预防"闷车"事故？

📖 **工业案例**

19.工业案例解析

某药厂粉碎车间的操作工人用万能粉碎机粉碎中药浸膏，结果浸膏黏结并堵塞筛网使粉碎无法进行。

想一想：这是为什么？应如何处理？

2. 锤式粉碎机

锤式粉碎机的型号按 JB/T 20039—2011 标注，如 FCWS250 型，表示锤体回转直径为 250mm 的卧式（W）水冷型（S）锤式（C）粉碎机（F）。

锤式粉碎机属于机械式的微粉碎机之一，种类很多，小型锤式粉碎机的结构如图 2-3 所示，主要部件有：加料斗、螺旋加料器、带有衬板的机壳、装有多个 T 型锤的转子、筛板及产品排出口。物料自加料口由螺

20.锤式粉碎机

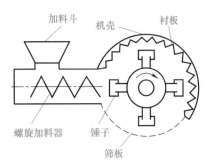

图 2-3　**锤式粉碎机**

旋加料器连续定量加入粉碎室，物料受高速旋转锤的强大冲击作用以及受锤子离心力作用冲向内壁，在冲击、摩擦、剪切等力的作用下被粉碎成微细颗粒，然后通过筛板经出口排出为成品。机壳内的衬板（又称牙板）可更换，衬板的工作面呈锯齿状，有利于颗粒撞击内壁而被粉碎。

锤式粉碎机的特点是破碎比大、单位产品的能耗低、体积紧凑、产品粒度小而均匀、构造简单并有很大的生产能力。由于具有一定的混匀和自清理作用，可用于破碎含有水分及油质的有机物，或具有纤维结构、弹性和韧性的药物。

3. 球磨机

21.球磨机发展历程

22.球磨机

球磨机种类较多，基本结构原理大致相同，一般包括筒体、研磨介质、衬板、端盖、动力装置等主要部件。

图 2-4 所示为分仓球磨机，它是由穿孔的中间隔仓板将转筒分为两段或多段，将各种大小的研磨介质大致分开。研磨介质通常为直径 25～150mm 的钢（瓷）球或钢棒，其装入量为整个筒体有效容积的 25％～45％。入口端装入较大直径钢球，出口端装入较小直径钢球。物料从左方进入筒体，最终从右方排出机外，在行进过程中，物料遭到研磨介质的冲击、研磨而逐渐粉碎。操作时，物料可以通过隔仓板，但钢球被隔仓板阻留。

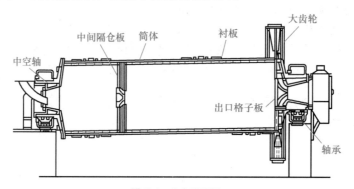

图 2-4 分仓球磨机

研磨介质根据球磨机的直径、转速、衬板类型、筒体内研磨介质总质量等因素，可以呈现三种不同的运动状态，影响球磨机粉碎研磨效果。如图 2-5 所示。当滚筒的转速较低时，研磨介质随筒体升高至一定高度后，研磨介质滑滚下来，冲击力比较小，粉碎效果不理想，这种状态称"泻落状态"；筒体转速适中时，研磨介质随筒体上升至一定高度后呈抛物线或泻落下滑，粉碎效果最好，即"抛落状态"；当转速过高时，离心力过大，研磨介质紧贴筒体内壁并随筒体一起做圆周运动，研磨介质对物料起不到冲击和研磨作用，称为"离心状态"。

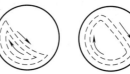

(a)转速太慢
泻落状态

(b)转速适中
抛落状态

(c)转速太快
离心状态

图 2-5 筒体转速与研磨介质运动的关系

球磨机设备结构简单，维修方便，密闭性好，无粉尘飞扬，可以有效防止对空气和环境的污染；粉碎程度高，适应性强，可达到微粉级要求，可间歇或连续操作。广泛应用于多种类型药物，如结晶性、引湿性、树胶、树脂、浸膏、挥发性药物及贵重药材的粉碎。粉碎时可干法粉碎，也可湿法粉碎，还可在无菌条件下进行药物的粉碎和混合。缺点是单位能量消耗大，粉碎时间长，一般在 24h 以上，有些物料的超微粉碎需要 60h，粉碎效率低，研磨介质损坏严重。

4. 气流粉碎机

气流粉碎机又称流能磨，是一种利用高速气流（300～500m/s）或过热蒸汽（300～400℃）的能量使颗粒互相产生冲击、碰撞和摩擦，从而导致颗粒粉碎的设备。高速气流通过安装在粉碎机周边的多孔喷嘴高速喷射入粉碎腔，物料在粉碎腔内相互反复碰撞、摩擦、剪切，从而达到超微粉碎的目的。目前气流粉碎机有环形、扁平式、流化床式、靶式、对冲式等类型。一般由气源部分、加料部分、粉碎部分、产品分级部分、产品收集部分构成。

23.气流粉碎机的
发展历程

24.气流粉碎机

环形气流粉碎机即循环管式气流粉碎机，粉碎腔为一垂直环形循环通路，喷嘴置于粉碎腔底部，见图 2-6。扁平式气流粉碎机也叫水平圆盘式气流粉碎机，粉碎腔为扁平圆形，喷嘴分布于同一水平面，沿周壁等距离配置，见图 2-7。流化床式气流粉碎机在立式圆筒形粉碎腔内底部设有喷嘴，或在壳壁径向设有喷嘴，空气经喷嘴射入，对筒内的物料进行加速和冲击粉碎，粉碎腔顶部设有分级器，物料在粉碎腔内形成流化床，见图 2-8。

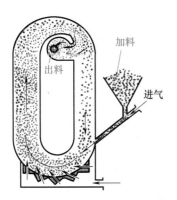

图 2-6　环形气流粉碎机示意图

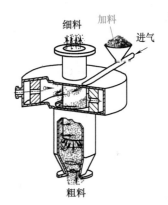

图 2-7　扁平式气流粉碎机示意图

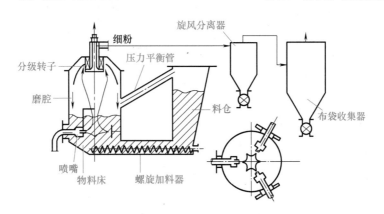

图 2-8　流化床式气流粉碎机示意图

气流粉碎机适合于高硬度、高纯度和高附加值物料的粉碎，粒度分布窄，粒形好，分散性好。粉碎过程有别于机械粉碎中依靠刀片或锤头等对物料的冲击粉碎，而且物料不会直接与设备内壁进行碰撞、摩擦，主要依靠物料自身之间的碰撞来完成，因而设备耐磨损，产品纯度高。尤其适合于热敏性、低熔点、含糖分、易燃易爆、易氧化及挥发性物料的粉碎。设备拆装清洗方便，内壁光滑无死角。整套系统密闭粉碎，粉尘少，噪音低，生产过程清洁环保。但能耗高，生产能力小。广泛应用于化工、矿物、冶金、磨料、陶瓷、耐火材料、医药、农药、食品、保健品、新材料等行业。

25.工业案例：粉碎车间安全问题

📖 工业案例

2018 年，江苏一家粉碎设备制造公司的测试车间发生了爆炸事故，造成两人死亡、三人受伤。事故主要原因是：用气流粉碎机违规代加工危险化学品偶氮二异丁腈，物料在粉碎、输送中产生的静电，使粉尘吸附在滤袋（非导电材料）上，造成粉碎机出气不畅，形成"吐料"的不正常现象，而料仓内物料的静电荷持续积累积聚无法释放，最终发生静电放电，引起物料发生第一次爆炸，爆燃热量和冲击加速了偶氮二异丁腈的剧烈化学反应，在设备内发生第二次爆炸。

讨论：粉碎车间应如何预防设备安全事故？

5. 胶体磨

26.胶体磨

胶体磨又称湿式粉碎机，具有湿式处理流体超微粒粉碎、研磨、乳化、分散、均质、搅拌、混合等功能。其结构原理如图 2-9 所示。主要部件有加料斗、磨体、循环管、出料管及阀、电机及动力部件组成。磨体内有动磨盘（或称为转子）与相配的静磨盘（或称为定子），电机带动转子高速旋转，转子和定子之间的缝隙即产生强大剪切力、摩擦力、高频振动，使物料被有效地乳化、分散和粉碎，达到物料超细粉碎及乳化的效果。

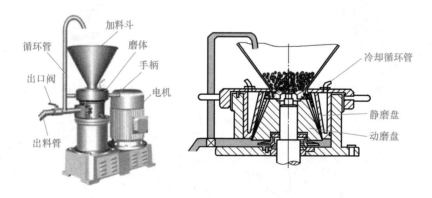

图 2-9 胶体磨

胶体磨适合各类乳状液的均质、乳化、粉碎，广泛用于混悬液、乳浊液的制备。

> 想一想
> 1. 不借助外部工具，完全靠人体自身器官，有哪些粉碎方式？
> 2. 哪些常用工具可以用于粉碎？
> 3. 日常生活中见到哪些粉碎机械？
> 4. 这些与所学的粉碎机有什么关联？
> 5. 比较所学粉碎机的不同点，各自的优点能不能相互"借用"？

任务二 筛分机

用带孔的筛面把粒度大小不同的混合物料分成各种粒度级别的过程叫做筛分。筛分可以去除药材杂质、筛除粗粒或细粉，以满足适应医疗和药剂制备的需要，提高药品的质量。

27.筛分机发展历程

一、概述

筛分机械俗称筛子。筛面常用金属丝、合成纤维等编成，网孔尺寸用筛网目数表示，一英寸（25.4mm）的长度上排列的孔数称为目。

筛子的种类繁多，分固定筛和活动筛两类。固定筛的筛面固定不动，倾斜放置，物料靠自身重力自上而下沿筛面滑下而过筛，固定筛效率低。活动筛分为振动筛、旋转筛和摇动筛。其中，振动筛又包括旋涡式振动筛（旋振筛）和往复式振动筛等。

振动筛主要是利用振动使物料通过筛网，旋转筛则是在推进器或叶片的作用下让物料通过筛网。而摇动筛最简单，通过单一的摇动方式使物料通过筛网。

二、药厂常用筛分机

药厂常用活动筛，有往复式振动筛、往复式摇摆筛、旋振筛、旋转筛等。

1. 往复式振动筛

往复式振动筛是利用弹簧对筛面所产生的上下振动而筛选粉末的装置。如图 2-10 所示。主要结构包括：筛箱、筛网、筛框、弹簧、支座、振动电机等。操作时物料由进料口加入，分布在筛面上，借振动电机带动弹簧使筛面发生振动，对物料进行筛选。

由于振动方式较单一，物料在筛面的运动轨迹简单，故适用于无黏性的药材粉末或化学物的过筛。

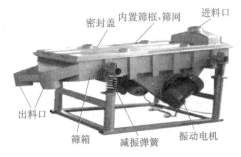

图 2-10 往复式振动筛

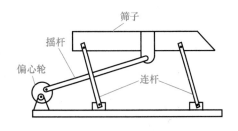

图 2-11 往复式摇摆筛示意图

2. 往复式摇摆筛

如图 2-11 所示，往复式摇摆筛是利用普通电机驱动偏心套连杆做来回短距离运动，达到仿人工摇晃的形式，物料在筛网上方做来回晃动，不做跳动，只是贴住筛面来回运动进行筛分。这种筛机属于原始最早的筛分机系列。往复式摇摆筛主要用于形状不规则的物料使用，物料在筛分中不易跳动，如用于中药前处理中去除饮片中的碎屑、夹杂的泥沙等。

3. 旋振筛

旋涡式振动筛简称旋振筛，是轻型精细筛分设备，如图 2-12 所示，主要结构包括筛网、

28.旋振筛

29.旋振筛常见故障及处理

振动室、联轴器、电机等，振动室内有偏心重锤、橡胶软件、主轴、轴承等元件。

旋振筛采用立式振动电机作为激振源，通过振动电机上下两端的偏心重锤，将旋转运动转变为水平、垂直、倾斜的三次元运动，并传递到旋振筛的筛面上；物料通过入料口进入设备内，根据不同筛分要求，物料经过 1～5 层不同目数的筛网的筛分层，在这个过程中，位于各层的筛网下的清网装置不断撞击筛网，使物料能够顺畅的筛分，并有效避免物料堵网，不同目数的物料通过各层对应目数的筛网或经设置在各层的出料口排出，粗料由上部排出口排出，筛分的细料由下部排出口排出，最终实现筛选或过滤的目的。调节电机上、下的相位角，可以改变物料在筛面上的运动轨迹。

旋振筛具有体积小、重量轻，分离效率高，粉尘不飞扬，处理能力大，维修费用低等优点。旋振筛可单层、多层使用，多层使用时可一次性分离筛选出五组不同粒径的产品且不会出现颗粒大小不一致的现象，多适用于干物料的筛分，在生产中使用广泛。

4. 滚筒筛

30.滚筒筛

滚筒筛即旋转筛，如图 2-13 所示，主要有电机、减速机、滚筒装置、机架等机构组成。滚筒装置倾斜布置，滚筒筛子由薄铁片卷成，筒上布满筛眼，筒身分段，前段的筛孔小，后段的筛孔大，以便物料从前向后滚动时被筛眼分成几等。当物料进入滚筒装置后，由于滚筒装置的倾角与转动，使合格物料（筛下产品）经滚筒外缘的筛网排出，不合格物料（筛上产品）经滚筒末端排出，嵌在筛孔中的物料由毛刷将其压下。滚筒筛特别适合于纤维多、黏度大、湿度高、有静电、易结块等物料的过筛，多用于分离泛丸过程出现的过大、过小、畸形丸粒或干燥后的丸剂筛选。设备操作方便，筛网容易更换，适用范围广泛。

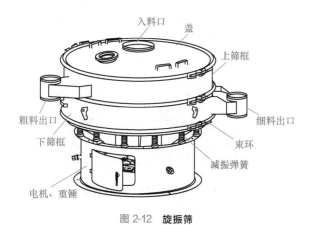

图 2-12　旋振筛

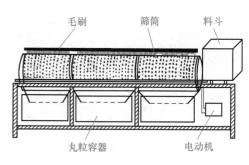

图 2-13　滚筒筛

31.工业案例解析

工业案例

某药厂用旋振筛筛分中药颗粒，结果筛网堵了。

讨论：怎样处理堵网现象？应如何预防？

想一想

1. 生活中有没有见过筛子？是什么结构？

2. 筛子都需要振动，你还知道有什么振动方式？可不可以用在筛子上？

讨论：日用筛子怎样改进才能与药厂用的筛子作用相当？

任务三 混合机

一、概述

32.混合设备
发展历程

在药厂生产中常常需要混合粉末和颗粒。混合是指两种或两种以上的固体粉料在混合设备中相互分散而达到均一状态的操作，是片剂、颗粒剂、散剂、胶囊剂、丸剂等固体制剂生产中的一个基本单元操作。

混合设备种类繁多，按操作方式可分为间歇式、连续式两种；按对粉体施加的动能不同分为容器回转式、机械搅拌式、气流式、复合式等。

常见设备有二维运动混合机、三维运动混合机、V型混合机、槽型混合机、双螺旋锥形混合机、气流混合机等。

二、药厂常用混合机

1. V型混合机

33.V型混合机

V型混合机由V形混合筒、传动部分、机架和配套装置组成，如图2-14所示。工作时，用真空将物料（干粉或干颗粒）吸入混合筒，电机带动V形混合筒连续旋转，筒内的物料反复分开、掺和而混匀。一般装料系数为30％～40％左右，混合效果一般，过去应用较多。

2. 二维混合机

二维混合机又称摇滚混合机，属于复合型混合机，其由混合料筒和两套料筒运动机构以及上、下机架等部件组成，如图2-15所示。

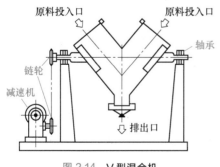

图 2-14 V型混合机

图 2-15 二维混合机

34.V型混合机
操作、清洁、
维护SOP

混合料筒被固定在上机架上，一方面在旋转传动机构的带动下绕轴作圆周运动，另一方面又在摇摆传动机构带动下绕水平轴作摇摆运动，从而使料筒同时自转和摆动，这两种相互独立的联合作用使物料作二维方向的运动。筒内壁也焊有

35.二维混合机

抄板，可以使物料向空间抛撒，使物料变成三维方向的运动，从而使物料混合更加充分。

　　该机一般装料系数 50％～60％，混合均匀度可达 98％～99％，混合时间约 16～20min。全封闭结构，运转平稳可靠，可实现无尘操作；装料系数大，混合量大，出料方便，适合于大批量、长线品种。

3. 三维混合机

36.三维混合机

　　三维混合机又称多向混合机，属于容器回转型混合机。型号按 JB 20010—2004 标注：HS600A 型表示经过第一次设计改进、混合筒容积为 600L 的三维（S）混合机（H）。

37.三维混合机操作、清洁SOP

　　三维运动混合机由机座、驱动系统、三维运动机构、混料筒及电器控制系统部分组成。如图 2-16 所示。

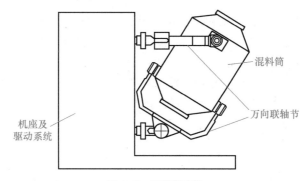

图 2-16　三维混合机

　　其中驱动系统有一个主动轴和一个从动轴，每个轴都带有一个 Y 型万向节，两个万向节之间装有混料桶。

　　混料筒由筒身、正锥台进料端、偏心锥台出料端、进料口及出料装置组成。混料筒须用不锈钢精制，其内壁及外壁须抛光处理，使其表面光洁无死角、无残留、易清洗；进出料口采用法兰密封，以保证筒体气密性；出料口应处于混合容器的最低位置，以便将物料放尽。

　　工作时，混料筒在立体三维空间上做独特的平移、转动、摇滚运动，自转的同时还进行公转，使物料在混合筒内处于"旋转流动—平移—颠倒坠落"等复杂的运动状态，产生一股交替脉冲，连续不断地催动物料，产生不同的运动状态，物料在频繁的运动扩散中不断地改变自己所处的位置，能达到最佳的混合效果。

　　注意：在料筒的有效运转范围内应加安全保护栏，开机时切忌站立在筒体前，避免意外事故发生。

　　该机一般装料系数 80％～85％，混合均匀度≥99％，混合时间约 15～20min。占地面积小、操作方便、结构简单；全封闭无尘操作；无离心作用，在混合过程中物料不会产生比重偏析、分层和积聚现象，确保混合质量的均一性；装料系数大，是当前粉体混合精度最高设备之一；同时桶内无死角、易出料、易清洗且噪音小，是洁净厂房的首选混合设备之一。对有湿度、柔软性和相对密度不同的颗粒、粉状物的混合也能达到最佳效果。

4. 方锥混合机

　　又称自动提升料斗装卸式混合机，由机架、带料斗的回转体、驱动系统、提升系统、制动系统以及控制系统组成，如图 2-17 所示。料斗混合机利用方锥桶体的翻转与左右桶臂轴的角度，使物体回转时上下翻转、放大缩小、左右掺杂而达到均匀混合效果。

工作时，将方锥形料斗推置在回转体内，机器自动将回转体提升到位、自动夹紧，压力传感器得到夹紧信号后，驱动系统工作，按设定的时间、转速进行混合。当运行达到设定的参数后，回转体就能自动垂直停止，同时制动系统工作，混合结束。然后，提升系统工作，回转体内的混合料斗下降到位，自动停止，推出混合料斗，完成混合周期，并且自动打印该批混合物的完整数据。

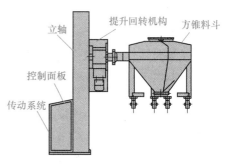

图 2-17　方锥混合机

该机一般装料系数 50%～80%，混合均匀度≥99%，混合时间约≤20min。由于该机采用 PLC 控制，灵敏传感能确保料斗落位、提升夹持、减速制动、停车对位等操作，且具有智能、显示、调节、监视、警示、自动打印等多项功能。除兼有三维混合机特点外，还集混合与提升功能于一体，自动完成夹持、提升、混合、下降等全部动作，很方便配料和清洗。药厂只需配置一台自动提升料斗混合机及多个不同规格的料斗，就能满足大批量、多品种的混合要求，而且从制粒干燥（整粒）开始，到总混、暂存、提升加料给压片机（充填机）的整个工艺过程中，药物都在同一料斗中，不需要频繁转料、转移，有效防止了交叉污染和药物粉尘，彻底解决了物料"分层"问题，优化了生产工艺，满足了大批量、多品种的混合要求。

5. 槽形混合机

槽形混合机属于机械搅拌型混合机，由螺旋搅拌桨、混合槽、驱动装置和机架组成，如图 2-18 所示。混合时，物料沿搅拌桨螺旋方向移动，由于物料之间的相互摩擦作用，使得物料上下翻动，同时一部分物料也沿螺旋方向滑动，使物料更换位置，从而达到混合目的。

39.槽形混合机

槽形混合机结构简单，操作维修方便，但混合强度较小，所需混合时间较长。此外，当两种密度相差较大的物料相混时，密度大的物料易沉积于底部，适合于密度相近物料的混合，常用于制备软材或中药合坨。

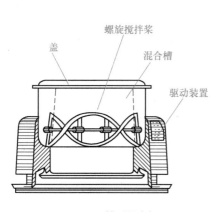

图 2-18　槽形混合机

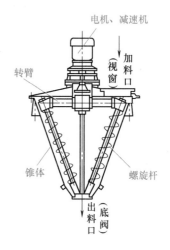

图 2-19　行星锥形混合机

6. 行星锥形混合机

行星锥形混合机属于机械搅拌型混合机，由锥体、螺旋杆、转臂及传动部分组成，有单螺旋和双螺旋二种，如图 2-19 所示。混合时，螺旋杆在自转的同时公转，螺旋杆自转将物料自下而上提升，形成沿壁上升的螺旋柱物料流，同时转臂带动螺旋杆公转，使螺杆体外物料相应地混入螺旋柱物料流内，使锥体内物料不断地混掺错位，并由锥形体中心汇合向周边流动，在短时间内达到均匀混合。与单螺旋锥形混合机相比，双螺旋锥形混合机由于有两根螺旋，进一步提高了混合效率。

40.槽形混合机操作、清洁、维护SOP

该机密闭和连续生产，无粉尘；适应性广、不易出现颗粒破损、发热变质及离析分层等现象；混合速度较快，能耗低。一般装料系数 60％～70％，混合均匀度≥96％，混合时间约 12～18min。

41.工业案例解析

📖 工业案例

某药厂维修三维混合机，维修人员站在混合筒旁边，操作人员开机试运行，结果维修人员被混合筒砸伤。

讨论：怎样预防三维混合机伤人事故？

📑 项目小结

```
                          粉碎机的种类、性能、应用
              散剂生产设备    筛分机的种类、性能、应用
                          混合机的种类、性能、应用
```

42.项目检测参考答案

✏️ 项目检测

一、单项选择题

1. 万能粉碎机适合粉碎（　　），气流粉碎机适合（　　）。
A. 脆性物料　　　　B. 韧性物料　　　　C. 贵重物料　　　　D. 低熔点物料

2. 球磨机转速较慢时物料及研磨介质呈（　　），较快时呈（　　），转速较适中时呈（　　）。
A. 泻落状态　　　　B. 抛落状态　　　　C. 随机状态　　　　D. 离心状态

3. 下列粉碎机中湿式粉碎机是（　　），粉碎所需时间最长的是（　　），粉碎所需时间最短的是（　　）。
A. 齿式粉碎机　　　B. 锤式粉碎机　　　C. 球磨机　　　　　D. 胶体磨　　　E. 流能磨

4. 一台方锥混合机可与（　　）种规格的料斗配套工作。
A. 1　　　　　　　　B. 2　　　　　　　　C. 3　　　　　　　　D. 多

5. 下列混合机中（　　）的混合能力最强。
A. 二维运动混合机　　　　　　　　　B. 三维运动混合机

C. 方锥混合机   D. 槽型混合机

二、多项选择题

1. 药用齿式粉碎机的粉碎室内有（   ）。

A. 进料斗   B. 固定齿盘   C. 转动齿盘   D. 环状筛板

2. 球磨机工作时的粉碎室内有（   ）。

A. 锤子   B. 被粉碎物料   C. 研磨介质   D. 钢齿

3. 锤式粉碎机的粉碎室内有（   ）。

A. 进料斗   B. T 型锤子   C. 牙板   D. 筛板

4. 方锥混合机可以完成（   ）工作。

A. 混合   B. 装料   C. 提升   D. 转移

5. 属于活动筛的是（   ）。

A. 往复式振动筛   B. 旋振筛   C. 旋转筛   D. 固定条筛

项目三
颗粒剂生产设备

 项目导入

相信同学们都很熟悉图 3-1 所示这类药品，用水冲了喝，甜甜的像糖水，口感还不错。这种剂型就是颗粒剂。

颗粒剂生产工艺简单，辅料少，口服后能快速溶解吸收，疗效快，口感好，适合老人和儿童使用，还是制备片剂、胶囊剂的中间体。颗粒剂的生产过程及主要设备如图 3-2 所示。本项目选取了典型颗粒剂生产设备作为学习载体，共有两个学习任务：任务一制粒机；任务二干燥机。

43.板蓝根趣话：我不是"神药"

图 3-1　颗粒剂

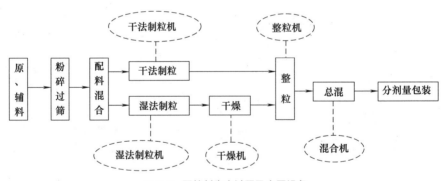

图 3-2　颗粒剂生产过程及主要设备

学习目标

知识目标：1. 了解颗粒剂生产工艺及所用设备的种类。

2. 熟悉常用颗粒剂设备的结构组成和工作原理。

技能目标：1. 会按 SOP 正确使用和操作湿法混合制粒机、沸腾制粒机、各种干燥机。

2. 会按 SOP 清场、维护颗粒剂生产设备。

3. 会对湿法混合制粒机、沸腾制粒机、各种干燥机常见故障进行分析并排除。

创新目标：分析不同类型制粒机、干燥机的创新点。

思政目标：从板蓝根的故事说起，探讨灿烂的中医药文化，培养学生的文化自信。

任务一　制粒机

一、概述

制粒是把粉末、熔融液、水溶液等状态的物料经加工制成具有一定形状与大小粒状物的操作。制粒的目的是改善物料的流动性、飞散性、黏附性，保护生产环境，有利于计量准确、改善溶解性能、减少片剂的重量差异等。药品生产中的制粒方法分为三类，即干法制粒、湿法制粒、喷雾制粒。

44.颗粒机的
发展简介

45.制粒机与中药

（1）湿法制粒　在原材料粉末中加入润湿剂或液态黏合剂，使粉末聚结成软材后再制成颗粒的方法，常用的有挤压制粒、转动制粒、搅拌制粒、流化床制粒等。所用设备有先制软材再制粒的高速混合制粒机、旋转式制粒机和摇摆式制粒机，不制软材直接制粒的沸腾制粒机。

（2）干法制粒　在原料粉末中不加入任何液体，将粉末压缩成片状或板状物后，再粉碎成颗粒，所用设备是干法制粒机。

（3）喷雾制粒　将原料制成均匀混悬液，通过雾化器雾化成细微液滴后在热空气流中干燥而得到近似球形的细小颗粒，所用设备是喷雾制粒机。

二、药厂常用制粒机

1. 挤压式制粒机

挤压式制粒是把药物粉末用适当的黏合剂制备软材之后，用强制挤压的方式使其通过具有一定大小筛孔的孔板或筛网而制粒的方法。制粒设备有螺旋挤压式（图 3-3）、旋转挤压式（图 3-4）、摇摆挤压式（图 3-5）等。

螺旋挤压式制粒机的特点是挤出螺杆可进行冷却或加热，挤出筒体采用剖分式结构，卸掉螺栓，即可轻松地将筒体打开，易于清洗。另外，螺旋挤压式制粒机可配置切割刀，调节相关速度，可得到要求长度的短颗粒。

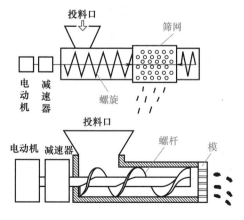

图 3-3　螺旋挤压式制粒机

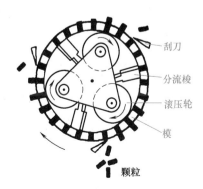

图 3-4　旋转挤压式制粒机

旋转挤压式制粒机是将混合均匀的软材，在滚压轮的挤压下，强制通过筛网，并受到刮刀的切割进而得到长度均匀的柱形颗粒。其特点是挤出温升低、挤出孔径小、挤出产量大，特别适用于黏性物料的制粒。

摇摆挤压式制粒机是将软材加入加料斗，制粒滚筒正反交替旋转，将软材强制性挤出筛网，制得颗粒。特点是结构简单，操作、清理方便，产量较大，适用于多种物料的制粒以及干颗粒的整粒。不足之处在于筛网使用寿命较短，且筛网更换较为烦琐。

2. 转动制粒机

在药物粉末中加入一定量的黏合剂，在转动、摇动、搅拌等作用下使粉末聚结成球形粒子的制粒机。转动制粒过程分为母核的形成、母核的长大、压实三个阶段。转动制粒法多用于药丸的生产。如图 3-6 所示。

46.摇摆式制粒机

47.摇摆式颗粒机操作、维护、清洁规程

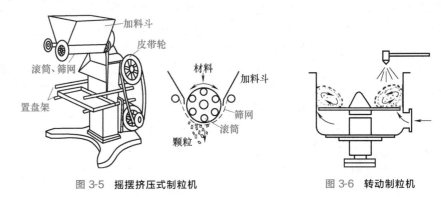

图 3-5　摇摆挤压式制粒机　　　图 3-6　转动制粒机

3. 快速搅拌制粒机

48.湿法混合制粒机

快速搅拌制粒机即湿法混合制粒机，采用湿法制粒工艺，是通过搅拌器混合及高速旋转制粒刀切制，将物料制成湿颗粒的机器，具有混合与制粒两种功能，药厂应用广泛。

其型号按 JB/T 20015—2013 标注，如 HLSG300，表示混合容器公称容积为 300L 的固定式（G—固定式；Y—移动式）湿法（S）混合制粒机（HL）；HLSY150 表示混合容器公称容积为 150L 的移动式湿法混合制粒机。

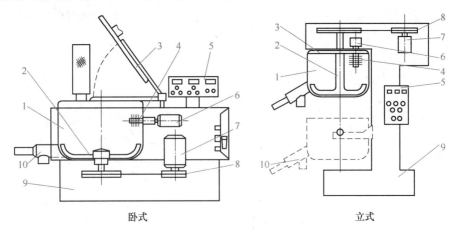

卧式　　　　　　　　　　　　　立式

图 3-7　快速搅拌制粒机示意图

1—盛料器；2—搅拌桨；3—盖；4—制粒刀；5—控制器；6—制粒电机；7—搅拌电机；

8—皮带轮；9—机座；10—出料口

如图 3-7 所示，该机根据结构不同可分为固定式（卧式）和移动式（立式）两种，其结构主要由盛料器、搅拌器、搅拌电机、制粒刀、制粒电机、电器控制器和机架等组成。

操作时，先将主、辅料干粉按处方比例加入容器，盖上盖，开动搅拌桨 1～2min，依靠搅拌桨的旋转使干粉快速混合均匀；随后加入黏合剂，再湿搅拌 4～5min，制成软材状态；再开启制粒刀快速旋转，将软材切割成颗粒状。完成制粒后，打开安装于容器底部的出料口，自动放出湿颗粒。

该机是在一个容器内完成混合、捏合、制粒过程的，减少了交叉污染，混合制粒时间短（一般仅需 8～10min），黏合剂较传统方法少用 25％左右，和传统的挤压制粒相比，具有省工序、操作简单、速度快、效率高等优点。所制颗粒质地结实、大小均匀、流动性好、可压性好。

> **想一想**
> 1. 生活中有没有与摇摆式制粒机类似的操作？
> 2. 生活中有没有与快速搅拌制粒机类似的操作？

📖 工业案例

某药厂生产中药颗粒，浸膏含糖量比较高，辅料是糊精和淀粉，润湿剂为 95％乙醇用快速搅拌制粒机制粒。为了提高生产量，设置高速搅拌，结果不但出现了结块现象，并且底部还有大量细粉，导致制粒失败。

想一想：这是为什么？应如何处理？

4. 沸腾制粒机

沸腾制粒机又称流化床制粒机，是将流化床技术和喷雾技术结合为一体的新型制粒工艺设备。其型号按 JB/T 20014—2011 标注，如：LGLB20 型表示每次额定投料量为 120kg 的防爆型（B，非防爆不标注）流化床（L）制粒干燥机（LG）。

在一个设备中，将粉、粒状固体物料堆放在分布板上，当气体由设备下部通入床层，随气流速度加大到某种程度，固体颗粒在床层上呈沸腾状态，这状态称流态化，而这床层也称流化床。流化床技术在制药行业广泛运用于干燥、制粒、混合、包衣、制丸、粉碎、冷却等操作。

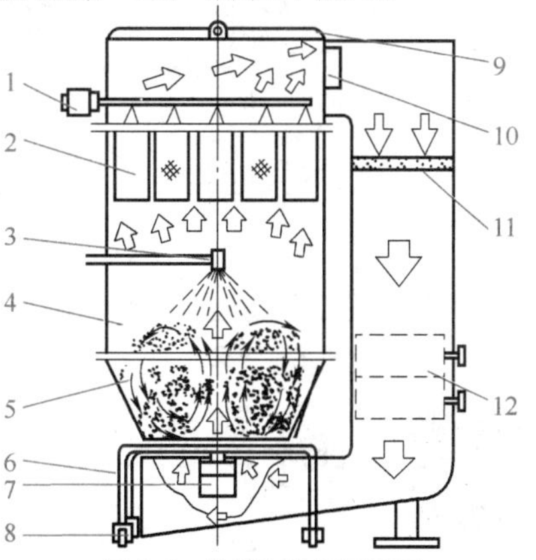

沸腾制粒机结构如图 3-8 所示。主要结构由容器、流化床、捕集除尘装置（袋滤器、反吹装置）、空气过滤加热部分、定量喷雾系统（输液泵、喷枪、管路、阀门）、控制系统组成。容器由上、中、下三部分筒体构成。下筒体是盛料器，底部为流化床，采用顶升气

图 3-8　沸腾制粒机示意图
1—反冲装置；2—过滤袋；3—喷嘴；4—喷雾室（扩散室）；5—盛料桶；6—台车；7—顶升气缸；8—排水口；9—安全盖；10—排气口；11—空气过滤器；12—加热器

缸顶托升降，并且在下筒体装有充气密封圈，从而使三个筒体能完全密封；上筒体内装有捕集袋进行气固分离。

操作时，把药物粉末与各种辅料装入容器中（流化床），冷空气从主机后部加热室进入，加热至进风所需温度后，经初效、中效过滤，从床层下部通过筛板吹入流化床，粉末在床内呈流态化，快速混合均匀；制粒用黏合剂由浆液泵送入喷枪（雾化器），经雾化后喷向流化的物料。粉末间相互架桥聚集成粒，水分挥发后由排风带出机外。经过反复的喷雾和干燥，直至颗粒的大小符合要求时停止喷雾，形成的颗粒继续在床层内送热风干燥。

沸腾制粒机集混合、制粒、颗粒包衣、干燥功能于一体，又称一步制粒机；设备处于密闭负压下工作，且整个设备内表面光洁、无死角、易于清洗、符合GMP要求；利用液态物料作为制粒的润湿黏合剂，可节约大量的酒精，降低生产成本，并能生产出小剂量、无糖或低糖的中药颗粒；制出的颗粒速溶，冲剂易于溶化，片剂易于崩解，粒度分布均匀，一般在40～80目左右。广泛应用于中西药、食品、化工等行业的粉末物料制粒。沸腾制粒机的不足之处是不适用于易黏壁和结块的物料；不适用于密度相差较大的几种物料的流化操作；不适用于对产品外形要求严格的物料；由于还需风机、加热器、分离器或捕尘器等附属设备，设备较笨重，占地面积较大。

查一查：什么叫"塌床"呢？

讨论：怎样预防"塌床"事故？

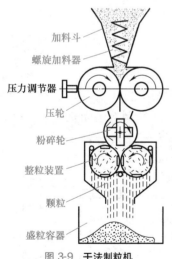

加料斗
螺旋加料器
压力调节器
压轮
粉碎轮
整粒装置
颗粒
盛粒容器

图 3-9　干法制粒机

5. 干法制粒机

干法制粒机采用干法制粒工艺，是把药物粉末直接压缩成较大片剂或片状物后，重新粉碎成所需大小的颗粒的方法。

图 3-9 所示为干法制粒机结构的示意图。将药物粉末投入加料斗中，用螺旋加料器将粉末送至两压轮间进行压缩，由压轮压出的固体坯片落入料斗，被粉碎轮破碎成颗粒，然后进入整粒装置中被制成粒度适宜的颗粒。

干法制粒常用于热敏性物料、遇水易分解的药物以及容易压缩成形的药物的制粒，方法简单、省工省时。采用干法制粒时，应注意由于压缩引起的晶型转变及活性降低。

📖 工业案例

某药厂用一步制粒机制造复方清开灵颗粒，发现颗粒的有效成分含量偏低。

查一查：这是为什么？

想一想：应如何处理？

想一想：
1. 生活中有没有与沸腾制粒机类似的操作？
2. 生活中有没有与干法制粒机类似的操作？

任务二 干燥机

一、概述

干燥是利用热能使湿物料中的湿分（水分或其他溶剂）气化，并利用气流或真空将其带走，从而获得干燥物料的操作。广泛应用于中药饮片、药剂辅料、原料药、中间体以及成品的干燥等，如湿法制粒中物料的干燥、溶液的喷雾干燥、流浸膏的干燥等。

59.干燥设备的发展

干燥方法有热空气干燥（如气流干燥、沸腾干燥、喷雾干燥等）、减压干燥、冷冻干燥、红外线干燥、微波干燥等。药用干燥机的种类很多，目前应用比较普遍的有各种厢式干燥器、流化床干燥机、喷雾干燥机、冷冻干燥机等。

二、药厂常用干燥机

1. 厢式干燥机

厢式干燥机外形像箱子，外壁是绝热保温层。药厂常用热风循环烘箱、隧道式干燥器等。

热风循环烘箱主要有厢体、架车、热源、风机、气流调节器等组成。厢体上设有气体进出口，外壁是高密度硅酸铝棉填充的绝热保温层，架车上的烘盘装载湿物料，料层厚度一般为 10～100mm，干燥过程中物流保持静止状态，如图 3-10

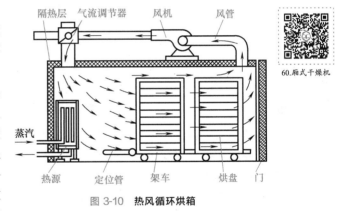

图 3-10 **热风循环烘箱**

60.厢式干燥机

所示。热源放出热量，风机使热风进行循环，与烘盘中的湿物料交换热量并带走水分。气流呈水平循环，热风只能在物料表面和物料盘底部水平流过，传热和传质的效率低。

热风循环烘箱是一种比较古老的干燥器，结构简单，操作方便，适用性强，适于经常更换品种、价高或小批量物料。但热效率低，干燥时间长，定时翻动时粉尘多、劳动强度大。

为了提高干燥效率，还可以将料盘底部设计成多孔板，可以使热风穿越料盘和料层进行干燥，称为穿流气流厢式干燥机，该机效率高，但能耗大，应用较少。

还有一种真空厢式干燥机，将被干燥物料置于密闭厢体内，厢体隔层通入加热介质，用真空泵将厢内抽到所需要的真空度，物料在真空条件下进行加热干燥。真空厢式干燥机干燥速度快、干燥时间短、产品质量高，但能耗大，对设备要求高。适用于小批量、不耐高温、易于氧化的物料，或是贵重的生物制品，尤其对所含湿分为有毒、有价值的物料时，可以冷凝回收。

2. 流化床干燥机

61. 沸腾干燥机

流化床干燥机又称为沸腾干燥机，即物料在沸腾状态下进行干燥。与固定床干燥相比，物料与干燥介质接触充分，传热效果好，温度分布均匀，干燥速度快，停留时间短，故适用于热敏性物料干燥，但对物料的颗粒度有一定的限制，一般要求在 $30\mu m \sim 6mm$，不适合水分含量高、结团、粘壁物料。药厂常用立式单室流化床干燥机、卧式多室流化床干燥机、振动流化床干燥器机。

（1）立式单室流化床干燥机　与沸腾制粒机相似，干燥速度快，效率高。但干燥过程中物料容易发生摩擦和撞击，破坏颗粒度，适用于颗粒结实、不易结块物料。

62. 沸腾干燥机安全操作、维修保养SOP

（2）卧式多室流化床干燥机　如图 3-11 所示，干燥机为一长方形厢式，底部为多孔筛板（流化床），开孔率一般为 $4\% \sim 13\%$，孔径 $1.5 \sim 2.0mm$。筛板上方，按一定间距设置隔板，构成多室，一般为 $4 \sim 8$ 室，隔板可以上下移动以调节其与筛板的间距。由于设置了与颗粒移动方向垂直的隔板，既防止了未干燥颗粒的排出，又使物料的滞留时间趋于均匀。每一小室的下部有一进气支管，支管上有调节气体流量的阀门。

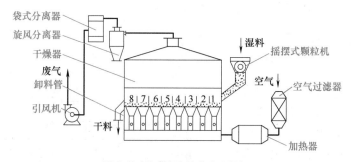

图 3-11　卧式多室流化床干燥机

湿物料连续加入干燥器的第 1 室，床层中的颗粒借助于床层位差，通过流化床分布板与隔板之间的间隙向卸料管移动，被干燥的物料最后经出口连续流出。每 1 个室相当于 1 个流化床，卧式多室流化床相当于多个流化床串联使用。

这种设备结构简单、操作方便，生产能力大，可向不同干燥室通入不同风量和风温，最后一室的物料还可用冷风进行冷却，使用灵活。适用于干燥各种粒状物料和热敏性物料，并逐渐推广到粉状、片状等物料的干燥领域。

（3）振动流化床干燥机　振动流化床，就是将机械振动施加于流化床上。图 3-12 所示为振动流化床干燥机及干燥流程，主要结构有上盖、箱体、进出风口、振动电机、观察窗及测温孔等。

操作时，振动电机提供激振力，物料经给料器均匀连续地加到振动流化床中，同时，空气经过滤后，被加热到一定温度，由给风口进入干燥机风室中。物料落到分布板上后，在振动力和分布均匀的热气流双重作用下，呈悬浮状态与热气流均匀接触。调整好给料量、振动参数及风压、风速后，物料床层形成均匀的流化状态。物料粒子与热介质之间进行着激烈的湍动，使传热和传质过程得以强化，干燥后的产品由排料口排出，蒸发掉的水分和废气经旋风分离器回收粉尘后，排入大气。

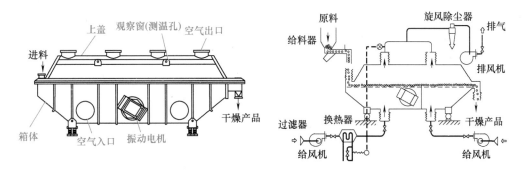

图 3-12 振动流化床干燥机及干燥流程

振动流化床干燥机由于施加振动，有助于物料流化，气流速度比普通流化床低，对物料粒子损伤小，还可显著降低空气需要量，进而降低粉尘夹带，配套热源、风机、旋风除尘器等也可相应缩小规格，成套设备造价会较大幅度下降，节能效果显著；缺点是产生噪声，同时，机器个别零件寿命短于其他类型干燥机。适于易损物料、在干燥过程中要求不破坏晶形或对粒子表面光亮度有要求的物料。

63.喷雾干燥机

3. 喷雾干燥机

利用喷雾器将原料液分裂成细小雾状液滴，形成具有较大表面积的分散微粒，与热空气发生强烈的热交换，料液中的水分在几秒内就能迅速汽化并被干燥介质带走，从而获得干料。原料液可以是溶液、悬浮液，也可以是熔融液或膏糊液。干燥产品根据需要可制成粉状、颗粒状、空心球或团粒状。

喷雾干燥机一般由干燥室、喷头、空气滤过器、预热器、气粉分离室、收集桶、鼓风机组成，有气流式、压力式、旋转式三种结构形式。压力式喷雾器应用较多，它适用于黏性药液、动力消耗最小。气流式喷雾器结构简单，适用于任何黏度或稍带固体的药液。旋转式喷雾器适用于高黏度或带固体颗粒料液的干燥，但造价较高。图 3-13 所示为一种中药浸膏喷雾干燥机的原理图。

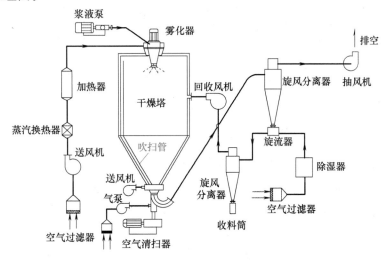

图 3-13 中药浸膏喷雾干燥机

　　喷雾干燥机干燥速度快，具有瞬时干燥特点，操作简单稳定，控制方便，容易实现自动化作业，产品分散性、流动性、溶解性良好，产品粒径、松散度、水分等在一定范围内可调；适应于热敏性物料的干燥，能保持物料色、香、味等生物活性，常用于中成药、抗生素、乳制品等的干燥。

　　4. 冷冻干燥机

64.冷冻干燥机
安全操作SOP

　　冷冻干燥机（冻干机）由制冷系统、真空系统、加热系统、控制系统所组成，主要部件有冻干箱（或称干燥箱）、冷凝器、冷冻机、真空泵和阀门、换热器、电气控制元件等组成，如图 3-14 所示。

　　冷冻干燥简称冻干，就是将含水物质先冻结成固态，而后使其中的水分从固态升华成气态，以除去水分而保存物质的方法。经冷冻干燥的物品，原有的生物、化学特性基本不变，易于长期保存，加水后能恢复到冻干前的形态，并且能保持其原有的生化特性。真空冻干技术广泛应用于医药、生物制品、食品、血液制品、活性物质等领域。

　　冻干箱、冷凝器、真空泵、真空管道和阀门构成冻干机的真空系统。冻干箱是冻干机的主要部分，是真空密闭容器，需要冻干的产品就放在箱内分层的金属板层上进行冷冻，并在真空下加温，使产品内的水分升华而干燥；冷凝器也是一个真空密闭容器，将冻干箱内产品升华出来的水蒸气冷凝。制冷系统由冷冻机与冻干箱、冷凝器内部的管道等组成，对冻干箱和冷凝器进行制冷。加热系统对冻干箱内的产品进行加热，以使产品内的水分不断升华，并达到规定的残余水分要求。控制系统对冻干机进行手动或自动控制。

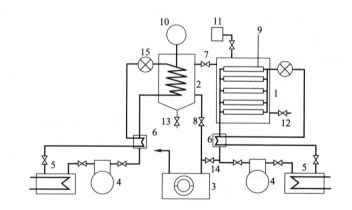

图 3-14　冻干机组成示意图

1—冻干箱；2—冷凝器；3—真空泵；4—制冷压缩机；5—水冷却器；6—热交换器；7—冻干箱冷凝器阀门；
8—冷凝器真空泵阀门；9—板温指示；10—冷凝温度指示；11—真空计；12—冻干箱放气阀；
13—冷凝器放出口；14—真空泵放气口；15—膨胀阀

　　操作时，先将冻干箱进行空箱降温，然后将盛放在西林瓶或安瓿内的产品放入冻干箱内进行预冻，抽真空之前要根据冷凝器冷冻机的降温速度提前使冷凝器工作，达到－40℃左右，待真空度达到 $100\mu Hg$ 以上的真空度时，即可对箱内产品进行加热。第一步加温不使产品的温度超过共熔点的温度，待产品内水分基本升华完后进行第二步加温，这时可迅速地使产品上升到规定的最高温度，在最高温度保持数小时后，即可冻干。冻干结束后干燥箱要放入干燥无菌的空气，并尽快地进行加塞封口，以防重新吸收空气中的水分。

65.工业案例解析

工业案例

某药厂要生产几种不同性质的药物颗粒，有的是制药浸膏颗粒，有的是不耐高温颗粒，有的是遇水敏感的颗粒。

想一想：应该选用什么设备？

查一查：什么叫流化床技术？

讨论：流化床技术在制药工业中的应用。

想一想：试着将沸腾制粒机环保节能的设计理念运用到其他设备中。

项目小结

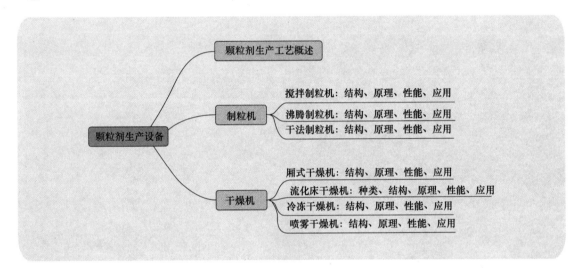

项目检测

66.项目检测
参考答案

一、单项选择题

1. 湿法混合制粒机制粒时（　　　）。

A. 搅拌桨转动，切割刀不动　　　　　　B. 搅拌桨转动，切割刀转动

C. 搅拌桨不动，切割刀不动　　　　　　D. 搅拌桨不动，切割刀转动

2. 下列哪些部件属于湿法混合制粒机（　　　）。

A. 喷枪　　　　　　B. 反吹装置　　　　　　C. 制粒刀　　　　　　D. 过滤袋

3. 沸腾制粒机盛料器多孔的底部称（　　　）。

A. 流化床　　　　　　B. 加热装置　　　　　　C. 过滤装置　　　　　　D. 排风装置

4. 干燥时物料不是静止状态的设备是（　　　）。

A. 厢式干燥器　　　B. 真空干燥器　　　C. 冷冻干燥机　　　D. 流化床干燥器

5. 能够实现薄层干燥的设备是（　　　）。

A. 厢式干燥机　　　　　　　　　　B. 真空厢式干燥器

C. 立式流化床干燥器　　　　　　　D. 卧式流化床干燥器

二、多项选择题

1. 湿法混合制粒机可以完成（　　　）工作。

A. 混合　　　　　B. 制湿颗粒　　　　C. 干燥　　　　D. 颗粒包衣

2. 沸腾制粒机又叫（　　　）。

A. 多功能制粒机　　B. 一步制粒机　　　C. 流化床制粒机　　D. 高效制粒机

3. 沸腾制粒机可以完成（　　　）工作。

A. 混合　　　　　B. 制湿颗粒　　　　C. 干燥　　　　D. 颗粒包衣

4. 下列哪些制粒设备用于湿法制粒工艺（　　　）。

A. 摇摆式制粒机　　B. 湿法混合制粒机　　C. 沸腾制粒机　　D. 干法制粒机

5. 适合干燥耐热物料的是（　　　）。

A. 厢式干燥器　　　B. 真空干燥器　　　C. 流化床干燥器　　D. 冷冻干燥机

项目四
片剂生产设备

项目导入

片剂是英国人布罗·克登于 1843 年发明的。当时，他用模圈和药杵将药粉压成片，这种方法一经传开，即被争相推广，后来经过不断改进工艺和设备，发展成现代片剂。片剂系指药物与辅料按配方混匀压制而成的片状或异形片状的制剂，适用于口服或外用。片剂具有剂量准确、质量稳定、服用方便、制造成本低等特点，是现代药物制剂中应用最广泛的剂型之一。片剂的生产工艺及所用设备如图 4-1 所示。

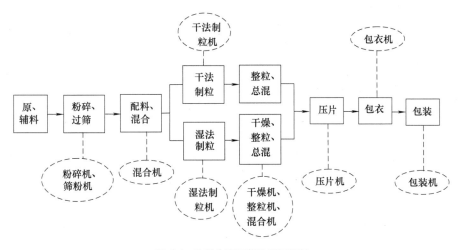

图 4-1　片剂生产工艺及所用设备

本项目根据生产实际，设计了两个学习任务：任务一压片机；任务二包衣机。

学习目标

知识目标：1. 了解压片机、包衣机的种类、性能特点和应用范围。

2. 熟悉高速压片机、高效包衣机的结构组成和工作原理。

技能目标：1. 会正确装拆冲模。

2. 会按 SOP 正确使用和操作、调试、清场、维护保养压片机和包衣机。

3. 会对高速压片机常见故障进行分析并排除。

创新目标：分析不同类型压片机、包衣机的微创新。

思政目标：从片剂质量标准说明药品生产的科学性和严谨性，培养工匠精神。

任务一 压片机

将各种颗粒或粉状物料置于模孔中，用冲头将其压制成片剂的机器称为压片机。

一、概述

1. 压片机种类

压片机按结构原理分为偏心轮式（单冲）压片机、旋转式（多冲）压片机；按压片时施压次数不同分为一次和多次压制压片机；按工作转速分为普通低速压片机（≤30r/min）、亚高速压片机（≈40r/min）、高速压片机（>50r/min）。

67.片剂基础知识

2. 压片原理

压片机的种类很多，机件结构各不相同，但压片的工艺原理是相似的。压片是在冲模中进行的，压片过程就是将颗粒（或粉末）物料经过加料装置定量填充到中模孔中，再经过压力装置加压，使上下冲头挤压物料制成片剂，最后由下冲将片剂从模孔中顶出，流入盛器。

68.压片机发展历史

冲模是压片机的基本部件，如图 4-2 所示。冲模由上冲、中模、下冲构成。冲头的类型有很多，有圆形（标准冲模）、异形（包括多边形及曲线形）。圆形冲头断面的形状有平面形、斜边形、浅凹形、深凹形及综合形等。平面形、斜边形冲头用于压制扁平的圆柱体状片剂，浅凹形用于压制双凸面片剂，深凹形主要用于压制包衣片剂的芯片，综合形主要用于压制异形片。为了便于识别及服用药品，在冲模端面上也可以刻制出药品名称、剂量及纵横的线条等标志。标准圆形冲模的冲头直径 d 为 3～20mm。$3 \leq d \leq 13$mm 时，每 0.5mm 为一种规格，$13 < d \leq 20$mm 时，每 1mm 为一种规格。详见 JB/T 20022—2017 标准冲模直径系列。压制不同的片剂，应选择适宜的冲模。

69.药片的故事

70. JB/T 20022—2017标准冲模直径

二、普通压片机

（一）单冲压片机

单冲压片机由一副冲模、加料机构、填充调节机构、压力及调节机构和出片控制机构等组成，如图 4-3 所示。

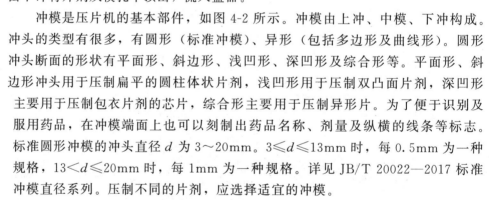

单冲压片机是利用主轴上的偏心凸轮旋转带动上下冲做上下往复运动完成压片过程的，其加料机构为靴形加料器。工作时下冲的冲头由中模孔下端伸入中模孔中，封住中模孔底，利用加料器向中模孔中填充药物并计量，上冲的冲头自中模孔上端压入中模孔，并下行一定行程，将药粉压制成片，上冲提升出

71.单冲压片机

孔，下冲同时上升将药片顶出中模孔后下降到原位，药片由摆动的填充靴推至盛器。

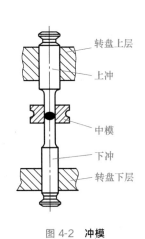

图 4-2 冲模

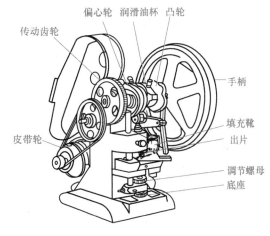

图 4-3 单冲压片机

单冲压片机为小型压片机，可电动也可手动，适用于小批量、多品种的生产。压片时下冲固定不动，仅上冲运动加压。这种压片的方式由于片剂单侧受压、时间短、受力分布不均匀，使药片内部密度和硬度不均匀，易产生松片、裂片或片重差异大等问题。

> **想一想**
> 1. 片剂有什么相似的地方？又有什么不同？你还知道什么物品与片剂相似？
> 2. 如果你处在 1872 年会不会也发明出片剂？需要具备哪些条件、知识和技能？从哪些方向入手？

工业案例

某实验室操作人员手摇单冲压片机压片，因误操作出现了顶车。

查一查：什么叫"顶车"呢？有什么危害？

讨论：怎样预防"顶车"事故？发生后如何处理？

72.工业案例解析

（二）普通旋转式多冲压片机

普通旋转式多冲压片机（简称旋转式压片机）是一种连续操作的设备，在其旋转过程中连续完成加料、充填、压片、出片等动作。按转盘旋转一周完成压片、出片等动作的次数，可分单压、双压、三压、四压等。单压指转盘旋转一周只完成加料、充填、压片、出片各一次，单压压片机的冲模数有 5 冲、19 冲等；双压指转盘旋转一周时进行上述操作各两次，故生产能力是单压的两倍，双压压片机内有两套压轮，为使机器减少振动及噪声，两套压轮交替加压并且使动力的消耗大大减少，故双压压片机的冲模数皆为奇数。双压压片机的冲模数有 33 冲、35 冲等。

普通旋转式多冲压片机是片剂生产中曾经应用广泛的压片机。按 JB 20020—2004，旋转式压片机的型号标注如下：ZPH16A 表示冲模数为 16 的旋转式压片机，H—环形片（Y—异型片；K—自动控制功能等），经过第一次改进设计；ZP33 表示冲模数为 33 的旋转式压片机。

73.普通旋转式压片机工作原理

1. ZP33 型压片机的结构原理和工作原理

生产中 ZP33 型双出片压片机应用较多，其外形如图 4-4 所示。其结构主要由加料部分、压片部分、吸粉部分、调节装置、传动部分、电控系统和机架组成。加料部分有两个加料斗，两个刮料器；压片部分主要由上下曲线导轨装置、转盘、33 副冲模、两组上下压轮装置组成。转盘是一个整体铸件，分三层，每层转盘周围都均布 33 个冲模孔，分别安装上下冲杆和中模，上下冲杆的尾部嵌在固定的曲线导轨上。下层转盘外圆柱面与蜗轮内孔刚性连接，当蜗轮带动转盘旋转时，转盘带动 33 副上下冲杆做圆周运动，同时上下冲受曲线导轨及压轮的控制做升降运动。其工作原理见如图 4-5 所示。工作时，下冲头一直在中模孔中，加料器向中模孔中加料时，下冲沿加料轨道下行至最低点使装料量达到最大值，待下冲转至充填轨上时顶出多余的颗粒，完成填充计量。随后上下曲线导轨控制上下冲头相向运动，待两冲转至上下压轮之间时，在上下压轮的施压控制下，两冲头在中模中将药粉压制成片。然后上冲上升至最高点，下冲也上升至最高点将药片顶出中模孔，由加料器的圆弧形侧边推出转盘，完成一次压片过程。

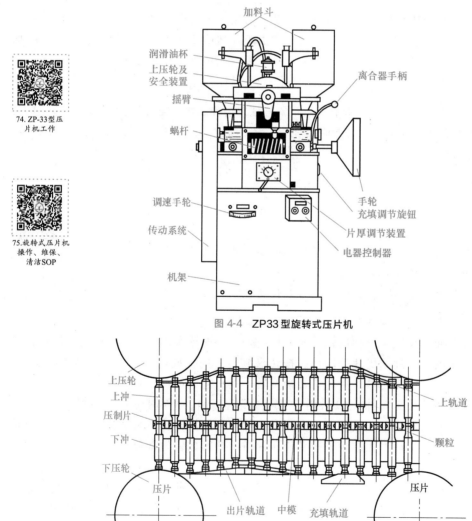

图 4-4　ZP33 型旋转式压片机

图 4-5　压片原理图

转盘每旋转一周，每副冲模完成加料、充填、压片、出片全过程各两次，可压出两个药片。

2. ZP33 型压片机的主要部件及调试

（1）加料机构

ZP33 型压片机的加料机构是月形栅式加料器，如图 4-6 所示。月形栅式加料器固定在机架上，其下底面与固定在转盘上的中模上表面保持一定间隙（约 0.05～0.1mm），当旋转中的中模从加料器下方通过时，栅格中的药物颗粒落入模孔中，弯曲的栅格板多次将物料刮入模孔。加料器的最末一个栅格上装有刮料板，它紧贴于转盘的工作平面，可将转盘及中模上表面的多余药物刮平和带走。月形栅式加料器多用无毒塑料或铜材铸造而成。

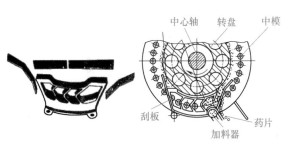

图 4-6　月形栅式加料器

（2）压力安全调节装置

压力安全调节装置又称上压轮调节装置，如图 4-7 所示，上压轮空套在上压轮轴的偏心轴径上，压轮内孔装有滚动轴承。偏心轴外端通过摇臂与调节螺杆相连，摇臂的另一端装在止推套圈上，止推套圈两侧分别装一调节螺母和弹簧，三者都装在调节螺杆上，弹簧被预压安装。当上压轮受到上冲杆的反作用力时，使摇臂的下端产生一沿调节螺杆轴线方向的推力，传递到弹簧上并由弹簧的弹力给予平衡，超载时能自动减压，具有安全保护作用。压力安全装置调试好后一般不经常调节。

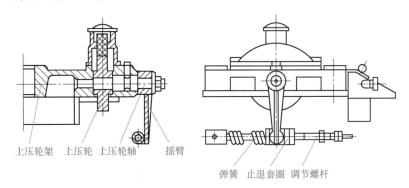

图 4-7　上压轮调节装置

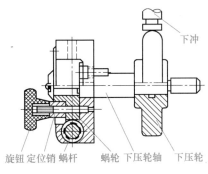

图 4-8　下压轮装置

（3）压力调节装置

压力调节装置即下压轮装置，调节片厚，又称片厚调节装置。其结构见图 4-8，下压轮空套在偏心轴上，偏心轴外端装一蜗轮，和蜗杆相啮合，蜗杆轴外端装一手轮，转动手轮即可带动蜗杆旋转，通过蜗轮带动下压轮轴转动，从而改变了下压轮的高度，即改变了下冲在压片处处于中模中的位置，改变了压片压力，即改变了片厚。

（4）充填调节装置

充填调节装置调节片重，其结构见图 4-9，由月牙形充填轨、升降杆（下部为螺杆）、蜗轮螺母组合、蜗杆（调节杆）、指示盘、旋钮等组成。调节时，通过旋转旋钮，蜗杆转动，带动蜗轮转动，蜗轮内孔是螺纹孔并与升降杆下部螺杆连接。蜗轮（螺母）转动时轴向不移动，迫使螺杆即升降杆升降，从而带动了月牙形充填轨升降，即改变下冲在充填处处于中模中的位置，从而改变了模孔的装药容积，即充填量。

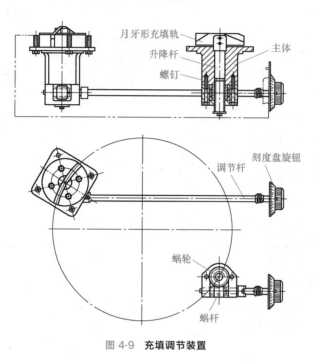

图 4-9　充填调节装置

76.工业案例1
解析

📖 工业案例1

某药厂压片车间的操作工人用 ZP33 型压片机压片，刚开始调试机器时压出的药片太松易碎，他就调大压力，压出了合格药片。然后就提高转速开始生产，结果又出现了不少裂片。

查一查：什么叫"松片""裂片"呢？

想一想：为什么出现"松片""裂片"现象？应如何处理？

77.工业案例2
解析

📖 工业案例2

某药业压片机伤手事故经过：4月16日下午01：45左右，压片室当班人员赵某与张某将压片机各附件进行消毒，并将上冲、下冲、中模安装完毕，上下导轨也已安装到位，手盘车无异常后随即接通电源，并将压片机门窗保护解除，启动设备试运行。赵某启动设备后，发现转盘上有一个擦机毛巾，在设备没有停稳时，就去用手拽毛巾，但毛巾没有拽出，手却被转动的压片机上冲挤伤，造成右手食指、无名指末端指节骨折的轻伤事故。

讨论：该事故原因是什么？应如何预防压片机安全事故？

课堂活动：让同学们用胶带绑起一根手指，体验吃饭、写字、系鞋带等活动的不便，以提高同学们的安全意识。

三、高速压片机

高速压片机是全自动高速旋转式压片机的简称，是目前生产中应用广泛的一种先进的高速旋转压片设备，其转速一般不低于 60r/min。该机特点是转速快、产量高，片剂质量好。压片时采用两次压制，既可压普通圆片，又能压各种形状的异形片。具有全自动、全封闭、压力大、噪声低、生产效率高、润滑系统完善、操作自动化等特点。另外，机器在传动、加压、充填、加料、冲头导轨、控制系统等方面都明显优于普通旋转式压片机。

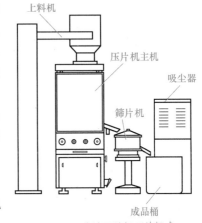

图 4-10　**高速压片机系统组成**

高速压片机的型号按 JB 20022—2004 标注，如：PG28B 表示冲模数为 28 的高速旋转式压片机，经过第二次改进设计。

（一）高速压片机的结构组成

图 4-10 所示为 PG28 型高速压片机系统，由压片机主机、真空上料机、筛片机、吸尘器组成。

真空上料机利用真空在无尘密闭管道输送物料，洁净无污染。筛片机将压出的药片去除静电、毛边及附着粉尘，提高片剂外观质量。吸尘器吸除压片过程中产生的粉尘，改善工作环境。

78.高速压片机

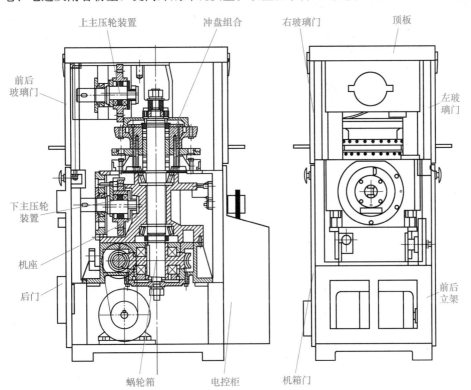

图 4-11　**高速压片机的总体机构示意图**

图 4-12　高速压片机

高速压片机的主体结构主要有底板、前后立架、前后框架、蜗轮箱、冲盘组合、控制柜、机座等部分，如图 4-11 所示。

如图 4-12 所示，压片机的上部是完全密封的压片室，是完成整个压片工作的部分，它包括强迫加料系统、冲压组合、出片装置、吸尘系统等。压片室由顶板、盖板及有机玻璃门通过密封条将压片室完全密封，以防止交叉污染。压片机的下部装有主传动系统、润滑系统、手轮调节机构等。

冲压组合包括冲盘（或转盘）组合、28 副冲模、上下预压轮、上下主压轮、填充装置、上下导轨盘。转盘组合的结构如图 4-13 所示，分上、中、下三层，固定连接在主轴上，每层转盘周围都均布 28 个冲模孔，分别装有 28 副上冲、中模、下冲。主轴下部与蜗轮内孔刚性联结，当蜗轮带动主轴旋转时，转盘带动 28 副冲模做圆周运动。转盘上部安装固定的上导轨，上冲杆的尾部挂在上导轨边缘上；转盘下部安装下导轨，下导轨由下导轨凸轮、充填导轨凸轮、出片导轨凸轮等组合而成，上下导轨控制上下冲杆按压片循环的要求升降。

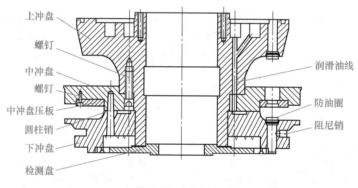

图 4-13　冲盘组合

高速压片机操作台上装有片厚手轮、预压手轮、填充手轮、平移手轮，分别调节各个参数。

（二）高速压片机的工作原理

高速压片机的工作流程包括加料、充填（定量）、预压、主压成型、出片等过程。图 4-14 所示即为高速压片机的一个循环周期。

79.高速压片机操作、维保、清洁SOP

1. 加料段

当冲头运动到加料段时，上冲头在上导轨的引导下向上运动，绕过强迫加料器。同时，下冲头经下导轨凸轮作用向下移动，此时，下冲头上表面与中模孔形成一个空腔，药物颗粒经过强迫加料器叶轮搅拌填入空腔内，当下冲头经过下导轨凸轮的最低点时形成过量填充。

2. 充填定量段

转盘继续运动，下冲头经过填充导轨凸轮时向上运动，并将空腔内多余的药物颗粒推出

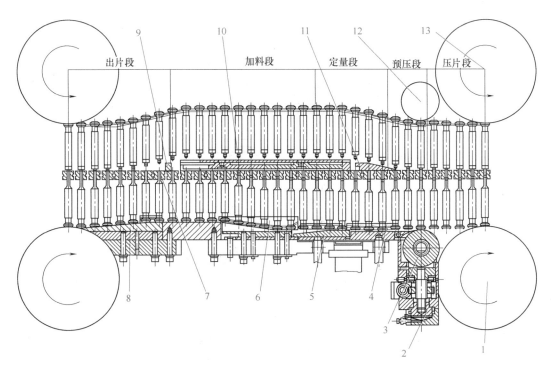

图 4-14 高速压片机的工作流程

1—下主压轮；2—预压油缸；3—下预压轮；4—下冲保护导轨；5—充填轨；6—加料轨；7—片剂；
8—出片轨；9—出片杆；10—强迫加料器；11—盖板；12—上预压轮；13—上主压轮

中模孔，由于加料器当中的物料比较多而且还有叶轮的搅拌作用，所以在推出的时候中模的药粉也经受了一次压缩的过程，由刮粉器的刮板将中模上表面多余的药粉颗粒刮出，完成了药片重量的定量。为防止中模孔中的药粉被抛出，刮板后安装了盖板，在中模孔移出盖板之前，下冲被下导轨拉下 2mm。

3. 预压段

随着转盘的转动，在中模孔移出盖板之后，上冲头逐步进入中模孔，将中模当中的药粉盖死，上下冲头合模，这个过程保证在压缩过程当中漏粉量少而且充填量不会改变。当冲头经过预压轮时，完成预压动作。预压的目的是使颗粒在压片过程中排出空气，对主压起到缓冲作用，缩短了主压过程，提高了压片速度，提高了质量和产量。

4. 主压成型段

完成预压后经过一段过渡，再继续经过主压轮，通过主压轮的压力，完成压实动作。

5. 出片段

上冲在上导轨引导下上移，下冲通过出片轨道上推，将压制好的药片推出中模孔，进入出料装置，完成整个压片流程。

6. 高速压片机的主传动系统

主传动系统是为压片机工作提供动力，主要包括大功率交流电动机、变频器、同步带轮、同步齿形带、张紧轮、手轮、蜗轮蜗杆减速器、主轴等部件，如图 4-15。

主电机的输出轴通过齿形带传动将动力传到蜗轮减速器的蜗杆，蜗杆带动蜗轮旋转，蜗轮直接安装在主轴上，主轴通过胀圈与转盘相连，带动转盘转动。蜗杆的端部装有一个手

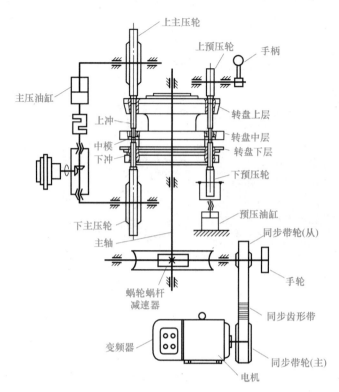

图 4-15　**主传动系统图**

轮，在非启动状态下，转动手轮可使转盘转动。该手轮一般在更换冲模或维修机器时使用。

（三）高速压片机的主要部件的结构与调整

1. 冲模的安装与调整

（1）安装前准备　切断机器的电源，拆下加料装置，用煤油及酒精清洗上、中、下冲盘孔和冲头，并擦拭干净，中模涂上少量锂基润滑脂 ZL-3，将下压轮压力调到零。

（2）上冲头的安装及调整　打开设备前窗，移开护盖，在支撑块与上导轨盘左侧的一缺口处，一边手动盘车，一边将上冲头涂少量机油放入上冲盘孔中。

80.强迫加料器的
拆卸与调整

（3）中模的安装及调整　用内六角扳手将位于冲盘的 28 个冲模固紧组合拧松，用专用的冲模工装将中冲模装入中冲盘的孔中，冲模位置公差取最小，并注意不要倾斜，再用内六角扳手将冲模固紧组合紧固。检验中冲模的高度，应略低于中冲盘上表面 0.03～0.05mm。

异形冲的安装模圈与上冲要同步进行。

81.三种压片机
的加料器比较

（4）冲头的安装及调整　打开左门窗、柜门，打开钥匙，撤出左护板，取下下冲保护的装卸块组合，将下冲盘中的顶柱拧松，迫使顶柱离开冲头，再将下冲头垂直装入下冲盘中的孔中。调整阻尼销及其连片，使 28 个下冲头尽可能的一致。

（5）全套冲模装完后，转动手轮，使转盘转动两周，观察上下冲杆进入中模孔及在上下导轨上运行是否灵活，应无碰撞和摩擦现象。下冲杆上升到最高点时，应高出转盘工作面但不大于 0.7mm，以免损伤冲头和其他零件。然后开动电动机，缓慢啮合离合器，空转 5 分钟，待运转平稳方可投入生产。

冲模的拆卸顺序与安装顺序相反。

2. 强迫加料装置

颗粒的加料用强迫加料装置，其结构如图4-16、图4-17所示，主要由料桶、加料电机、加料蜗轮减速器、万向联轴器、强迫加料器、连接管、加料平台、调平支腿机构组成。

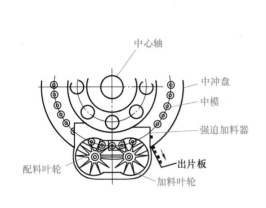

图 4-16　**强迫加料装置**

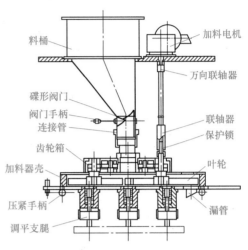

图 4-17　**强迫加料装置结构图**

加料电机和蜗轮减速器安装在机器的上部，减速器的输出轴通过万向联轴器。联轴器连接齿轮轴并带动齿轮箱下部两个叶轮转动。加料器壳体底部有一个落料槽，用于将加料器中的物料填入冲模。落料槽前端装有两个收料刮板，用于将中层转盘表面上的物料回收到加料器中。加料器两侧的下部分别装有螺栓、碟形弹垫和碟形螺母，用于加料平台快速连接和调平。加料器上部有一观察窗，用于观察加料器内部的工作情况。

密闭的两层双叶轮强迫加料，接近冲盘四分之一的工作弧长，加大了药粉的填充能力，有效防止了颗粒的粗、细分离，从而解决了普通压片机靠重力下料不足、粉尘过多及交叉污染的问题。加料电机可随主电机转速的提高而自动提高。

3. 手轮调节装置

高速压片机操作台上从左到右依次装有四个调整手轮：片厚手轮、预压手轮、填充手轮、平移手轮，各手轮传动过程如图4-18所示。

（1）**片厚手轮**　又称压力手轮，是用来调整上下主压轮间的距离，从而调节了施于片剂的压力。

上下压轮通过偏心轴支承在机架上。顺时针转动手轮可增加压力，即厚片变薄，硬度增加；逆时针转动则相反。

（2）**预压手轮**　用来调整上下预压轮的间距，从而调整预压力大小。

上下预压轮通过偏心轴支承在机架上。预压力不宜过高，压力过高会产生很大的噪声和磨损。打开玻璃门，用人眼观察上预压轮，调节螺母，使上预压轮刚刚接触上冲头，然后启动机器，在工作状态下，打开右侧防护门调节上预压力手柄，顺时针转动上预压轮手轮，使上预压轮从不转到刚刚转动，改变上预压轮的上下相对位置；逆时针转动下预压力手轮，改变下预压轮的上下相对位置，使下预压轮从不转到刚刚转动。

不工作时，将预压手轮向左转动减小预压力，直至上预压轮不转为止。

（3）**填充手轮**　用来调整填充深度即填充量。图4-19中，万向联轴节带动蜗杆、蜗轮转动。蜗轮中心有可上下移动的丝杆，丝杆上端固定充填轨。手动填充手轮可使充填轨上下移动，每旋转一周充填深度变化0.5mm。该手轮还通过链轮与控制电机相连，这样电脑控制器就可通过控制电机操纵填充手轮来调整填充量。当填充手轮调至极限时仍不能达到片重要求，可更换导轨型号。多数情况使用4～12mm导轨，薄药片使用0～8mm导轨，较大药片使用8～16mm导轨。

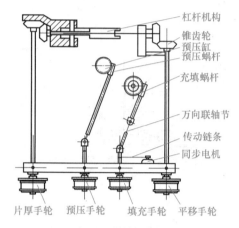

图4-18 高速压片机手轮调节装置

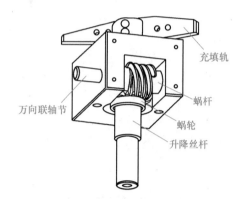

图4-19 充填调节装置

试机前，将片厚调节至较大位置，填充量调节至较小位置。将颗粒加入料斗内，用手转动手轮2～3周，试压时先调节填充量，逐步把片重调节至规定值，然后调节压力，至片子硬度、厚度符合要求为止。

（4）平移手轮 冲头平移调节就是保持上下压轮距离不变，片剂厚度保持不变，同时使上下压轮向上或向下移动的调节。片剂压片时，中模内孔受到很大的侧压力和摩擦力，中模受力最大处是片剂厚度的中间部位。平移调节可以避免长期总在中模内一个位置压片，延长中模的使用寿命。通过手轮可使上下压轮同时升降同样的距离。

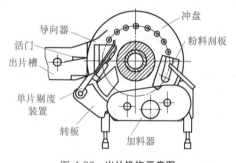

图4-20 出片机构示意图

4. 出片机构

如图4-20所示，出片机构由导向器和出片槽组成，导向器将出模的药片导向出料装置，将冲盘上的药粉导入到加料器当中。

出料槽具有两个通道，即合格片通道与废片通道。两个通道由一旋转电磁铁带动翼板（活门）转换。机器刚开始工作或生产过程中出现废片时，废片通道打开。机器在正常运转时，废片通道关闭，合格片通道打开。在停机或紧急停车时，合格片通道立即关闭，废片通道打开。

5. 润滑系统

高速压片机的润滑至关重要，该机配备了一套完善的间隙微小流量自动压力稀油润滑系统和手动干油润滑系统。

稀油润滑系统包括油泵、滤油器、多通分油器、定量注油器、管接头和润滑油管等。它是以油耗规则而运行的，其润滑点为上导轨盘、上冲头、下冲头、主压轮和预压轮搭接板上的毛毡，如图 4-21 所示。

干油润滑系统由手动泵、递进分配块、管路、管接头等组成，具有清洁、操作方便、润滑可靠等特点。

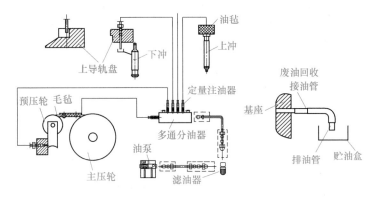

图 4-21　稀油润滑系统

6. 液压系统

高速压片机中，主压轮、预压轮设有液压油缸，起软连接支承和安全保护作用。液压系统由液压泵站、蓄能器、液压油缸、压力传感器、单向节流阀、限压阀、电磁换向阀、单向阀、管路等组成，如图 4-22 所示。

7. 片重控制系统

通过片重控制系统可实现对整个生产过程片重的自动控制，实现单片剔废。片重大小是以每粒片受到的压力的大小检测的。如果该片受到的压力大那么说明该片的片重比较大。因为，在上

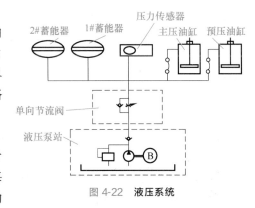

图 4-22　液压系统

下压轮距离不变的情况下，压力的大小绝大部分是跟中模中的物料多少有关的，而中模中物料的多少直接跟片的重量有关。压片机控制压力的流程如下图 4-23 所示。

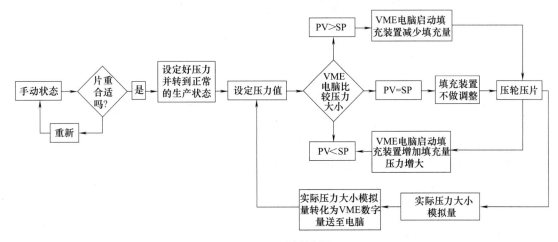

图 4-23　压力控制图

如果中模内颗粒充填得过松、过密，说明片重产生了差异，此时压片的冲杆反力也发生了变化。在上压轮的上摇臂处装有压力应变片，检测每一次压片时的冲杆反力并输入电脑，冲杆反力在上下限内所压出的片剂为合格品，反之为不合格品，并记下压制此片的冲杆序号。在转盘的出片处装有剔废器，剔废器的压缩空气的吹气孔对向出片通道，平时吹气孔是关闭的。当出现废片时，电脑根据产生废片的冲杆顺序号，输出电信号给吹气孔开关，压缩空气可将不合格片剔出。同时，电脑亦将电信号输出给出片机构，经放大使电磁装置通电，并迅速吸合出片挡板，挡住合格片通道，使废片进入废片通道。

8. 电气控制系统

高速压片机的控制系统能对整个压片过程进行自动检测和控制。系统的核心是可编程序器（PLC），通过触摸屏（POD）系统进行操作。

压片机控制系统具有下列主要功能：

83. PG28型高速压片机常见故障分析及处理方法

（1）重要参数设置、密码保护。

（2）监视每组冲头的压力变化及偏差情况，成品量、废品量及工作时间，整机运行总时间；若超过预设压力极限，便自动停机；故障自动报警、停机；生产的合格药片达到预定的产量时，便自动停机。

（3）自动控制药片的重量，具有废片识别和自动剔除功能。

（4）润滑油量、调整限制、系统时间等许多重要的参数都可以由用户根据工艺要求进行设置。

四、其他压片机

1. 多层片压片机

把组分不同的片剂物料按二层或三层堆积起来压缩成形的片剂叫多层片（二层片、三层片）又称积层片，这种压片机叫多层片压片机或积层片压片机。常见的有二层片和三层片，三层片制片过程如图 4-24 所示。

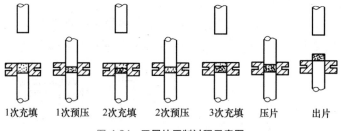

1次充填　1次预压　2次充填　2次预压　3次充填　压片　出片

图 4-24　三层片压制过程示意图

2. 粉末压片机

粉末直接压片是指将药物的粉末与适宜的辅料分别过筛并混合后，不经过制颗粒而直接压制成片。由于其工艺过程简单，不必进行制粒、干燥、整粒及中间抽样检测等工序，节能省时，保护药物稳定性，提高药物溶出度，以及工业自动化程度高等优势，正越来越多地被各国的医药企业所采用。有关资料显示，在国外约有 40% 的片剂品种已采用这种工艺生产。

粉末直接压片工艺过程简单，产品崩解溶出快，适用于遇湿、遇热易变色、分解的药物。但细粉末的流动性差，容易在饲粉器中出现空洞或流动时快时慢，造成片重差异较大；粉末中存在的空气比颗粒中的多，压片时容易产生顶裂；粉末直接压片会产生较多的粉尘和漏粉现象等。为了解决这些问题，粉末压片机配备自动密闭加料装置、高效除尘装置，采用振荡饲粉或强制饲粉装置使粉末均匀流入模孔；增加了预压装置，二次或三次压制成型，减少了裂片。

📖 工业案例

　　某药厂在用高速压片机压片过程中，操作人员发现片重偏小，停机检查设备并调试充填量后仍没有彻底解决，还存在片重不稳定现象。

　　想一想：这是为什么？应如何处理？

84.工业案例解析

📖 微创新

　　比较单冲压片机、ZP33 型普通旋转式压片机、高速压片机的性能，分析压片设备创新思路，培养技改思维。

85.微创新解析

📖 技能大赛

　　通过实训锻炼实操动手能力，引导学生参加压片技能大赛。

任务二　包衣机

一、概述

　　包衣是压片工序之后常用的一种制剂工艺，是指在片芯或素片表面包裹上适宜材料的衣层，使片剂与外界隔离。根据衣层材料及溶解特性不同，常分为糖衣片、薄膜衣片、肠溶衣片及膜控释片等。目前国内常用的包衣方法主要有滚转包衣法、流化床包衣法和压制包衣法。滚转包衣设备常用的有普通荸荠式包衣机、改造的荸荠式包衣机和高效包衣机。

二、荸荠式包衣机

　　荸荠式包衣机是一种传统的包衣设备。其结构如图 4-25 所示，整个设备由四部分组成：包衣锅、动力系统、加热系统和排风系统。包衣锅一般用不锈钢或紫铜等性质稳定并有良好导热性的材料制成，直径一般为 $250\sim1000$mm。包衣锅安装在轴上，由动力系统带动轴一起转动。为了使片剂在包衣锅中既能随锅的转动方向滚动，又有沿轴线方向的运动，包衣锅的倾角一般为 $30°\sim40°$，生产中常用的转速范围为 $12\sim40$r/min。加热系统主要对包衣锅表面进行加热，常用的方法为电热丝加热和干热空气

86.包衣机的
发展简介

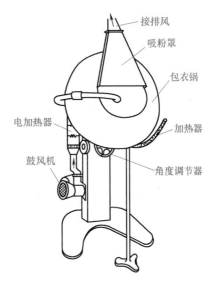

接排风
吸粉罩
包衣锅
电加热器
加热器
鼓风机
角度调节器

图 4-25　**荸荠式包衣机**

87.荸荠式包衣机

加热。

包衣时，将一定量的片芯加入包衣锅内，开动包衣锅，使之旋转，片剂就在锅内不断翻滚。再加入包衣材料，使之均匀分散到各个压片表面上，加热、通风使之干燥，片剂表面形成膜层。按上法包几十层，直至达到规定要求。

采用荸荠式包衣机包衣，热风仅吹在片芯表面，并被反面吸出。热交换仅限于表面层，且部分热量由吸风口直接吸出而没有利用，浪费了部分热源。劳动强度大、劳动效率低、生产周期长，特别是包糖衣片时，所包的层数很多，实际生产中包一批糖衣片往往需要十几至三十多个小时。

> 想一想
> 1. 生活中有什么物品与糖衣片相似？与荸荠式包衣机有没有联系？
> 2. 学过的什么设备与荸荠式包衣机有什么联系？
> 3. 还有什么设备与荸荠式包衣机原理相似？

三、高效包衣机

88.高效包衣机

高效包衣机全部包衣操作是在密闭状态下进行，无粉尘飞扬和喷洒液飞溅，高效、可靠、洁净、节能，操作方便，符合 SOP 要求，是目前生产中应用广泛的先进设备。型号按 JB 20016—2004 标注，如 BGW120A 表示生产能力为 120kg、无孔滚筒（W，有孔不标注）的高效包衣机（BG），经第一次改进设计。下面以 BG120 型为例介绍高效包衣机的相关知识。

高效包衣机系统主要由主机、热风机、排风机、定量喷雾系统、程序控制系统组成。其全部外壳、包衣滚筒（包衣锅）、热风机、喷洒装置以及所有与药品接触的部件全部采用不锈钢材料制造。其系统简图见图 4-26。

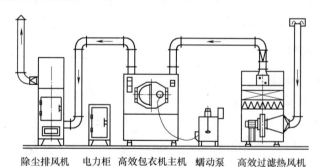

除尘排风机　　电力柜　高效包衣机主机　蠕动泵　高效过滤热风机

图 4-26　高效包衣机系统图

1. 主机

主机由密闭工作室、包衣滚筒、搅拌器、清洗盘、驱动机构等部件组成。高效包衣机的滚筒结构可分为网孔式、间隙网孔式和无孔式三类。

网孔式高效包衣机主要用于中西药片剂、较大丸剂等的有机薄膜衣、水溶薄膜衣和缓控释包衣，如图 4-27 所示，滚筒的整个圆周都带有 1.8～2.5mm 圆孔。经过滤净化的热空气从锅的右上部通过管路进入锅内，热空气穿过运动状态的片芯间隙，穿过锅底下部的网孔，再经排风管排出。由于整个锅体被包在一个封闭的金属外壳内，因而热气流不能从其他孔中排出。热空气流动的途径也可以是逆向的，也可以从锅底左下部网孔中穿入，再经右上方风管排出。前一种称为直流式，后一种称为反流式。这两种方式使片芯分别处于"紧密"和"疏松"的状态，可根据品种的不同进行选择。

无孔式高效包衣机的滚筒不开孔，其热交换的形式目前有两种：一是将布满小孔的2～3个吸气桨叶浸没在片芯内，使加热空气穿过片芯层，再穿过桨叶小孔进入吸气管路内被排出，如图4-28所示，进风管引入干净热空气，通过片芯层，再穿过桨叶的网孔进入排风管并被排出机外；二是采用了一种较新颖的锅型结构，目前已在国际上得到应用。其流通的热风是由旋转轴的部位进入锅内，然后穿过运动着的片芯层，通过锅的下部两侧而被排出锅外，见图4-29。这种新颖的无孔式高效包衣机之所以能实现一种独特的通风路线，是靠锅体前后两面的圆盖特殊的形状。在锅的内侧绕圆周方向设计了多层斜面结构，锅体旋转时带动圆盖一起转动，按照旋转的正反方向而产生两种不同的效果，见图4-30。当顺时针正转时，锅体处于工作状态，其斜面不断阻挡片芯流入外部，而热风却能从斜面处的空当中流出。当反转时，此时处于出料状态，这时由于斜面反向运动，使包好的药片沿切线方向排出。

89.三种高效包衣机比较

90.高效包衣机操作、维保、清洁SOP

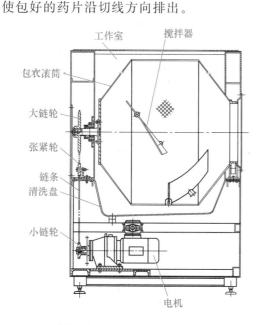

图 4-27　**网孔式高效包衣机主机**

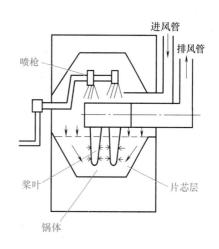

图 4-28　**无孔高效包衣锅**

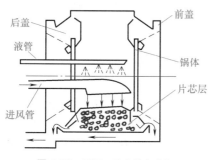

图 4-29　**新颖无孔高效包衣锅**

图 4-30　**新颖无孔高效包衣机圆盖**

　　无孔式高效包衣机由于锅体表面平整、光洁，对运动着的物料没有任何损伤，在加工时也省却了钻孔这一工序。常用于微丸、小丸、滴丸、颗粒制丸等包制糖衣、有机薄膜衣、水溶薄膜衣和缓控释包衣。

　　2. 热风机

　　主要由离心风机、初效过滤器、中效过滤器、高效过滤器、热交换器等五大部件组成。各部件都安装在一个由不锈钢制作的卧式框架内，其外表面是经过精细抛光的不锈钢板，如图 4-31 所示。主机所需热风直接采用室外自然空气，经初、中、高效过滤后达到洁净空气的要求，然后经蒸汽（或电加热）热交换器加热到常温～80℃进入主机包衣滚筒内对片芯进行加热。热交换器有温度检测，操作者可根据情况选择适当的进气温度。

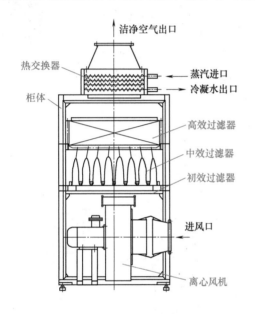

图 4-31　高效过滤热风机

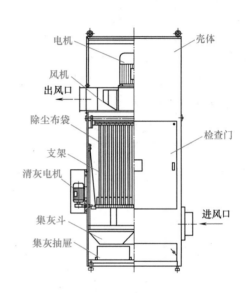

图 4-32　除尘排风机

　　3. 排风机

　　排风机主要由风机、布袋除尘器、清灰机构及集灰箱四大部件组成。各部件都安装在一个立式框架内，并且其外表面均由不锈钢板经精细抛光制作而成。如图 4-32 所示。其作用是把包衣滚筒内的包衣尾气经除尘后排到室外。使包衣滚筒内处于负压状态，既促使片芯表面的敷料迅速干燥，又可使排至室外的尾气得到除尘处理，符合环保要求。系统中可以接装空气过滤器，并将部分过滤后的热空气返回到送风系统中重新利用，以达到节约能源的目的。由于使用过程中除尘布袋需要及时清灰和清洗，所以一般制药企业都备有两三套除尘布袋以保证生产的连续性。

　　进风和排风系统的管路中都装有风量调节器，可调节进、排风量的大小。

　　4. 定量喷雾系统

　　定量喷雾系统是将包衣液按程序要求定量送入包衣锅，并通过喷枪口雾化喷到片芯表面。该系统由配浆桶、恒压输送料浆的蠕动泵、料浆流量调节器、喷枪及辅机组成，如图 4-33～图 4-36 所示。喷枪是由气动控制，根据包衣液的特性选用有气和无气喷雾两种喷枪，并按锅体大小和物料多少放入 2～6 只喷枪，以达到均匀喷洒的效果。

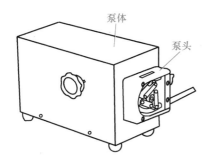

图 4-33 变量恒压蠕动泵

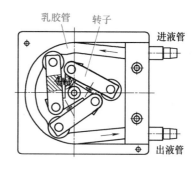

图 4-34 蠕动泵泵头

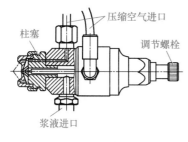

图 4-35 喷枪

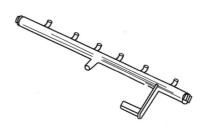

图 4-36 喷枪多嘴分配器

5. 程序控制系统

该系统的核心是可编程序控制器或微机处理。它一方面接受来自外部的各种检测信号，另一方面向各执行元件发出各种指令，以实现对各部件参数（锅体、喷枪、泵以及温度、湿度、风量等）的控制。

（1）主机：控制包衣机滚筒运转，进行变频调速。

（2）包衣锅内的负压显示与控制：排风机进行变频调速，控制包衣机滚筒内负压。

91.高效包衣机常见故障分析及处理方法

（3）供热风风速的显示与控制：热风机进行变频调速，控制热风风量。

（4）喷浆输送：控制蠕动泵运转。

（5）除尘器清灰：控制振动电机运转。

（6）喷枪开枪、浆料雾化：控制相关电磁阀。

（7）温度值的显示与控制：控制蒸汽热交换器的相关电磁阀。

（8）在线清洗系统：控制各电磁阀、气动执行器、球阀及加压泵、输送泵。

（9）记忆和打印功能：可以自动实时记录生产过程中的有关工艺参数，并可根据要求打印出来，避免了因操作人员手工记录导致的误差，保证了原始记录的真实、可靠。

📖 工业案例

92.工业案例解析

某药厂包衣车间刚购买了一台网孔高效包衣机，包薄膜衣试机时出现了黏片、皱片、色差、色点现象，药片表面衣膜出现剥落、刻痕模糊等一系列问题。

想一想：这是为什么？应如何处理？

想一想
1. 荸荠式包衣机如何"低效"？
2. 高效包衣机如何"高效"？
3. 高效包衣机的主要工作原理与什么设备相似？

📋 项目小结

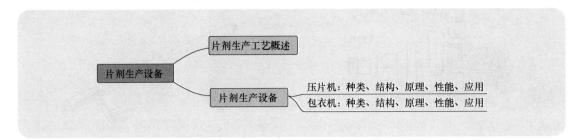

🖊 项目检测

93.项目检测参
考答案

一、单项选择题

1. PG28 型高速压片机有（　　）套转速调节装置，（　　）套充填调节装置，（　　）套压力调节装置，（　　）副冲模；ZP33 型压片机有（　　）套转速调节装置，（　　）套片重调节装置，（　　）套片厚调节装置，（　　）副冲模。

A. 1　　　　　　　　B. 2　　　　　　　　C．28　　　　　　　　D. 33

2. PG28 型高速压片机的工作过程是（　　）。

A. 加料—充填—压片—出片

B. 加料—充填—预压—压片—出片

C. 充填—预压—压片—加料—出片

D. 加料—压片—充填—预压—出片

3. 冲模的安装顺序是（　　）。

A. 上冲—中模—下冲　　　　　　　　　B. 下冲—中模—上冲

C. 中模—上冲—下冲　　　　　　　　　D. 上冲—下冲—中模

4. 高速压片机采用的加料器是（　　），ZP33 型压片机常采用的加料器是（　　）。

A. 月形栅式加料器　　　　　　　　　　B. 强迫式加料器

C. 主动式加料器　　　　　　　　　　　D. 全自动加料器

5. 高速压片机压片时（　　）则片剂的硬度越大，（　　）则片剂的重量越大。

A. 上、下压轮的距离越大　　　　　　　B. 填充轨位置越高

C. 上、下压轮的距离越小　　　　　　　D. 填充轨位置越低

二、多项选择题

1. 高速压片机具有（ ）优点。

A. 转速快，产量高 B. 增加了预压，片剂质量好

C. 自动化操作 D. 可压异形片

2. 高效包衣机的主体包衣锅的类型有（ ）

A. 网孔式 B. 无孔式 C. 间隙网孔式 D. 反吹式

3. 下列哪些设备不是片剂生产设备（ ）。

A. 换热器 B. ZP33 型压片机

C. 沸腾干燥器 D. 蒸馏水机

4. 高速压片机的调节手轮有（ ）。

A. 转速手轮 B. 预压手轮 C. 充填手轮 D. 平移手轮

5. 高效包衣机的进风口温度过高时会（ ），进风口温度过低时会（ ）。

A. 包衣液提前干燥 B. 增加包衣材料用量

C. 影响药物质量 D. 出现黏片

项目五
胶囊剂生产设备

项目导入

94.胶囊剂发展历史

　　胶囊剂属于口服固体制剂，可分为硬胶囊剂和软胶囊剂两种。硬胶囊剂是将粉状、颗粒状、小片或液体药物充填入以食用明胶为主要原料制成的空心胶囊中的一种剂型〔见图5-1（a）、图5-1（b）〕；软胶囊剂是将油类液体、混悬液、糊状物或粉粒定量压注并包封于胶膜内，形成大小、形状各异的密封软胶囊〔见图5-1（c）、图5-1（d）〕。硬胶囊剂的生产过程和所用设备如图5-2所示。

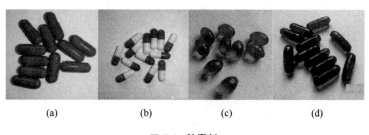

(a)　　　　　(b)　　　　　(c)　　　　　(d)

图 5-1　**胶囊剂**

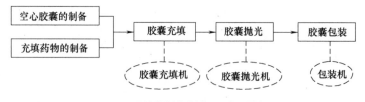

图 5-2　**硬胶囊剂生产过程及主要设备**

　　本项目选取了胶囊剂生产中的常用先进设备作为学习载体，设计了两个学习任务：任务一硬胶囊剂生产设备；任务二软胶囊剂生产设备。

学习目标

知识目标：1. 了解胶囊剂生产工艺及所用设备的种类。

2. 熟悉常用胶囊剂设备的结构组成和工作原理。

技能目标：1. 会按 SOP 正确使用和操作全自动胶囊充填机、轧囊机。

2. 会按 SOP 清场、维护胶囊剂设备。

3. 会对全自动胶囊充填机、轧囊机常见故障进行分析并排除。

创新目标：分析不同类型全自动胶囊充填机、轧囊机的微创新。

思政目标：从毒胶囊事件入手，讨论药品质量的重要性，培养学生的社会责任感。

任务一　硬胶囊剂生产设备

硬胶囊剂简称为胶囊。其形状一般呈圆筒形，由胶囊体和胶囊帽套合而成，如图 5-3 所示。胶囊体的外径略小于胶囊帽的内径，二者套合后可通过局部凹槽闭合锁紧，也可用胶液将套口处黏合，以免二者脱开而使药物散落。胶囊剂的尺寸规格已经国际标准化，按中国医药包装协会标准 YBX-2000-2007，分为 00、0、1、2、3、4，共六种规格，号码越大，容积越小，如图 5-4 所示。空心胶囊一般由药包材厂家生产，药厂购买使用。

95.胶囊充填机的发展及类型

96.中国医药包装协会标准YBX-2000-2007(节选)

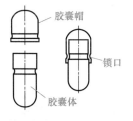

图 5-3　**空心胶囊**

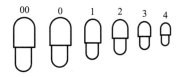

图 5-4　**硬胶囊的型号**

工业案例

97.工业案例解析

2012 年我国制药行业发生了"毒胶囊"事件。

查一查："毒胶囊"事件是怎么回事？

讨论：怎样预防"毒胶囊"事件的发生？

一、概述

硬胶囊剂生产的专用设备是胶囊充填机，按工作原理不同分为半自动胶囊充填机和全自动胶囊充填机，目前生产中广泛使用全自动胶囊充填机。全自动胶囊充填机又分为间歇回转式和连续回转式两大类，国内药厂间歇回转式应用较多。

二、全自动胶囊充填机

98.全自动胶囊充填机工作原理

全自动胶囊充填机只需将预套合的空胶囊及药粉加入机器上的胶囊斗及药粉斗中，再不需要人工加以任何辅助动作就可自动制成胶囊。其工作流程是：胶囊整向→开囊→充填→剔废→合囊→出囊。

全自动胶囊充填机的型号按 JB/T 20025—2013 标注，如 NJP800 表示每分钟生产 800

粒、间歇式运转（J；连续式为 L）、孔盘充填（P；插管充填为 A）的全自动胶囊充填机（N）。

1. 整体结构

NJP800 型全自动硬胶囊充填机如图 5-5 所示，主要由机架、胶囊回转机构、胶囊分送机构、粉剂搅拌输送机构、粉剂计量充填机构、电气控制系统、废胶囊剔出机构、合囊机构、成品胶囊排出机构、清洁吸尘系统、小颗粒充填机构、真空泵系统、传动系统等组成。

2. 胶囊分送机构

胶囊分送机构如图 5-6 所示，胶囊筒下方有胶囊漏斗，其下部与孔板落料器（送囊板）相通，孔板落料器内部设有多个圆形孔道，每一孔道的下部均设有卡囊簧片。

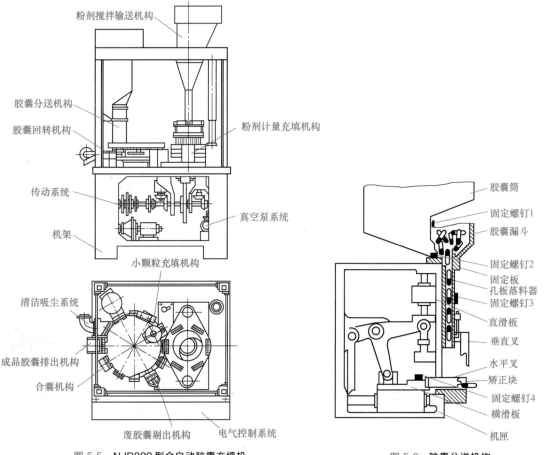

图 5-5 NJP800 型全自动胶囊充填机　　　　　图 5-6 胶囊分送机构

机器在启动运转后，孔板落料器在传动机构带动下作上下往复滑动，使空胶囊进入孔板落料器的孔中，将空胶囊整理成轴线一致的状态，并在重力作用下下落。当孔板落料器上行时，卡囊簧片将落料器圆形孔道下端的一个胶囊卡住。孔板落料器下行时，簧片架产生旋转，卡囊簧片松开胶囊，胶囊在重力作用下由下部出口排出。

当孔板落料器再次上行并使簧片架复位时，卡簧片又将下一个胶囊卡住。可见，落料器上下往复滑动一次，每一孔道均输出一粒胶囊。由孔板落料器排出的空胶囊依次落入矫正块的水平滑槽中，有的胶囊帽朝上，有的胶囊帽朝下。由于水平滑槽的宽度略大于胶囊体的直径而略小于胶囊帽的直径，因此滑槽对胶囊帽有一个夹紧力，但并不接触胶囊体。水平滑槽中的水平叉在传动机构带动下往复运动，作用于囊身中部，靠摩擦力差使空胶囊围绕滑槽与胶囊帽的夹紧点翻转90°，使胶囊体朝前，并被推向矫正块的边缘。此时，垂直运动的垂直叉使胶囊体再次翻转90°，使胶囊帽在上胶囊体在下，被垂直推入模块转台的模块孔中，如图 5-7 所示。

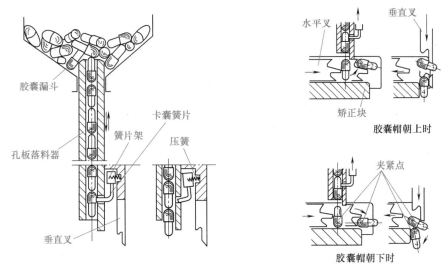

图 5-7　胶囊整向原理图

3. 模块转台

工作台面上设有可绕轴旋转的粉剂充填机构和胶囊回转机构，胶囊回转机构又称模块转台，有上下两层，均布十组模块，如图 5-8 所示。每个模块上均布多个孔，由胶囊回转分度盘带动做间歇转动。下模块随转台间歇转动的同时，又受复合固定凸轮的控制做上下运动和径向运动。

99.全自动胶囊充填机操作、调试

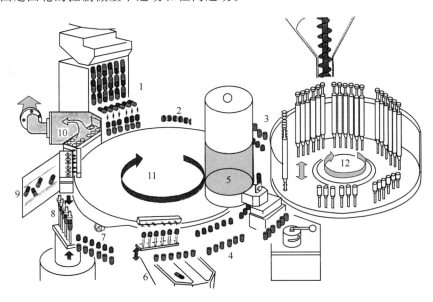

图 5-8　胶囊充填工作原理示意图

1—胶囊整向、拔囊工位；2—上下模块分离工位；3,4—扩展备用工位；5—充填工位；
6—剔废工位；7—上下模块复位工位；8—合囊工位；9—出囊工位；
10—清理模孔工位；11—模块转台；12—剂量转盘

在第一工位，空胶囊由胶囊分送机构排列成胶囊帽朝上的状态，并分组落入模块转台的模孔中，即落囊；再由真空吸力将帽体分离，胶囊体吸入下模块囊孔中，而胶囊帽则留在上模块囊孔中，即分囊，如图 5-9 所示为拔囊机构示意图。

帽体分离机构包括真空泵、真空管路、真空电磁阀、真空分离器（即气体分配板），可以平均分配真空吸力。机器每运转一个工位，真空分离器就上、下运动一次。当空胶囊被垂直叉推入模块转台的第一工位时，真空分离器上升，其上表面与下模块的下表面贴严。此时，由真空电磁阀控制，真空接通，吸囊顶杆随气体真空分离器上升并伸入下模块的孔中，使顶杆与气孔之间形成一个环隙，以减少真空空间。上、下模块孔的直径相同，且都为台阶孔。当囊体被真空吸至下模块孔中时，上模块孔中的台阶可挡住囊帽下行，下模块孔中的台阶可使囊体下行至一定位置时停止，以免囊体被顶杆顶破，从而达到帽体分离的目的。

第二、三工位，下模块下降并向外运动，与上模块错开，以备充填物料即让位；第四工位，药室中的药粉经过五次充填压缩后推入胶囊体中，完成粉剂充填；第五工位，作为扩展备用工位，用于增加微丸或片剂灌装；第六工位，用吸尘管路将帽体未能分离的残次胶囊剔除并吸掉，即剔废，图 5-10 所示为废胶囊剔除机构示意图；第七工位，下模块向内运动并同时上升，与上模块轴线对中，并合在一起，即复位。

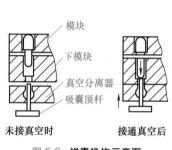

图 5-9　拔囊机构示意图

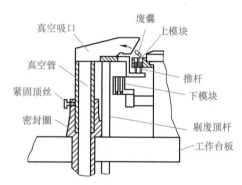

图 5-10　废胶囊剔除机构示意图

第八工位是合囊工位，如图 5-11 所示，上模块上方有固定在机架上的锁合挡板，锁合推杆上升使已充填的胶囊锁合，即合囊。锁合挡板与上模块孔中胶囊最高点的间隙为 0.2～0.3mm，若发现胶囊闭合不好，如胶囊太长锁扣末闭合或胶囊太短造成变形，就要对此间隙仔细进行调整。

第九工位是出囊工位，如图 5-12 所示，锁好的胶囊被出囊装置顶出模块孔，并经导槽出囊，为保证胶囊导出可靠，可外接压缩空气辅助吹出胶囊。

第十工位，需要 0.3MPa 压力的清洁空气清理模孔，在工作台面上设有清理吸头，吸尘机将模块孔中的药粉、胶囊皮屑等污染物清除后进入下一个循环。

100.全自动胶囊充填机的传动系统

机器工作前需要对每组上下模块进行对中调整，如图 5-13 所示，对中调整是在第八工位即合囊工位进行。将模块调试杆分别插入模块左右外侧的两个对角模孔中，要保证调试杆在上、下模孔中能自由落下或转动灵活，校正上、下模块模孔的同心度，再拧紧螺钉。

4. 粉剂搅拌机构和药物剂量填充装置

（1）粉剂搅拌机构　药物料斗内通常设置螺旋送粉器和搅拌桨，保证药粉顺利下落到剂量转盘上的粉盒内。如图 5-14 所示。电容传感器控制粉盒内药粉高度，传感器传出的信号控制供料电机启动和停止。传感器与药粉的距离是 2～8mm。调整示意图如图 5-15 所示，松开夹紧螺钉即可上下调整传感器高度。

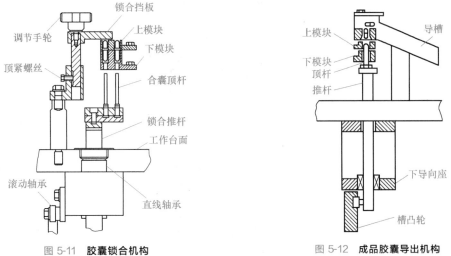

图 5-11　**胶囊锁合机构**　　　　图 5-12　**成品胶囊导出机构**

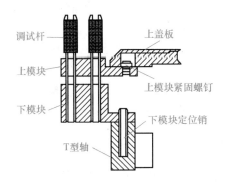

图 5-13　**上下模块对中调整**

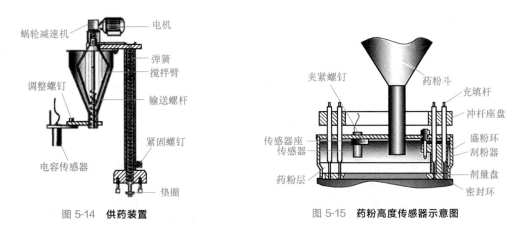

图 5-14　**供药装置**　　　　图 5-15　**药粉高度传感器示意图**

（2）药物计量填充装置　其类型很多，常用的有插管定量装置、模板定量装置、活塞-滑块定量装置和真空定量装置等，NJP 型所用的是冲塞孔盘充填。如图 5-16、图 5-17 所示。

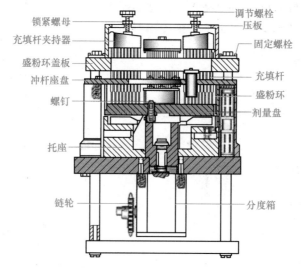

图 5-16　剂量填充装置示意图

101.全自动胶囊
充填机的药物
计量类型

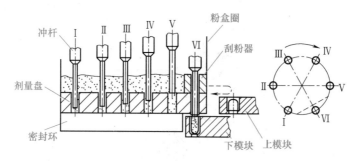

图 5-17　冲塞计量原理图

　　药粉盒由剂量盘和粉盒圈组成，工作时由分度盘带动做间歇转动，从而带着药粉作间歇回转运动。剂量盘沿周向设有六组剂量孔，即六个工位，每组剂量孔数与模块转台模孔数对应。密封环在剂量盘下方，为剂量盘前 5 个工位做托板；刮粉器在剂量盘上方，密封环和刮粉器均静止不动，剂量盘做间歇转动。六组冲杆在剂量盘的六组剂量孔内做上下往复运动，通过剂量盘的间歇转动，刮粉器将堆积在剂量盘上的药粉刮到剂量孔中并由下降的冲杆将模孔中疏松的药粉压实，经过五次冲压后，药粉柱已达到剂量要求。剂量盘第六组模孔下方的托板在此处有一弓形缺口，带有胶囊体的下模块伸至该空间，此时剂量冲杆将模孔中的药粉柱推入胶囊体，即完成充填操作。

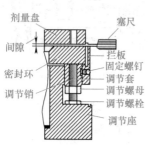

图 5-18　剂量盘与密封环

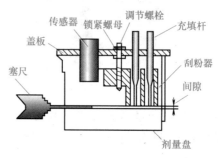

图 5-19　刮粉器与剂量盘

一般剂量盘与密封环的间隙应在 0.03～0.08mm 之间，间隙过小会增加剂量盘与密封环之间的阻力，药粉颗粒大时，间隙可调大些。刮粉器与剂量盘的间隙在 0.05～0.1mm 之间为最好。如图 5-18、图 5-19 所示。

（3）装量调整　调整充填杆的高度可以改变药柱的密度和装药量，充填杆高度调得合适，可以得到精确的装药量。

如图 5-20 所示，当冲杆座盘处于最低位置时，充填杆夹持器上的标尺的"0"线表示充填杆下平面与剂量盘下平面在同一水平面，即视镜上的工作位置线对准的读数就是充填杆下端平面离密封环的高度。

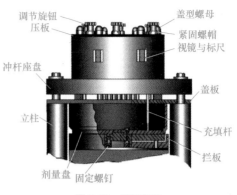

图 5-20　**装量调整**

调整时，用手转动主电机手轮，使充填杆座下降到最低位置，然后松开锁紧螺母，转动调整螺栓，使充填杆的下端面与计量盘上表面在同一平面上，此时记下标尺刻度值；然后按不同工位将充填杆往下调整：逆时针旋转连接调节螺杆使充填杆上升，再顺时针旋转小手轮使其下降到所需要的高度后拧紧锁紧螺母，也就是只能由高往低调整后再固紧。剂量盘厚度为 18mm 时充填杆进入计量盘深度可参考表 5-1 中的尺寸进行，不宜过深。

102.全自动胶囊充填机操作、维保、清洁SOP

表 5-1　**充填杆进入剂量盘的深度**

工位	1	2	3	4	5
进入剂量盘深度/mm	9	5	3	2	0.5

工业案例

103.工业案例解析

某药厂在使用全自动胶囊填充机充填胶囊时，在剔除废囊装置中出现大量未被拔开的空心胶囊。

讨论：这是为什么？如何排除故障？

> 想一想
>
> 1. 胶囊充填机与压片机有没有相似点？
> 2. 你认为胶囊充填机今后的技改方向是什么？

任务二　软胶囊剂生产设备

软胶囊剂又称胶丸，它的形状有圆形、椭圆形、鱼形、管形等，它是将油类或对明胶物无溶解作用的非水溶性的液体或混悬液等封闭于胶囊壳中而成的一种制剂。

104. JB/T 20027—2009软胶囊的形状和尺寸

一、概述

软胶囊的生产工艺主要有轧制法和滴制法，生产工艺及所用设备如图 5-21 所示。

轧制法产量大，自动化程度高，计量准确，成品率高；滴制法设备简单，投资少，生产成本低。

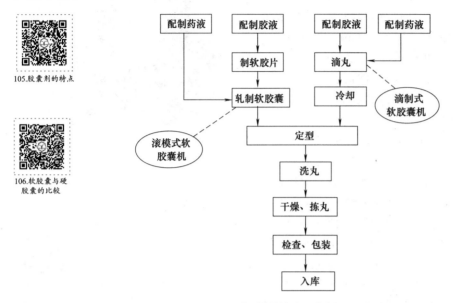

图 5-21　软胶囊剂生产工艺及所用设备

软胶囊剂成套生产设备包括明胶液熔制设备、药液配制设备、软胶囊轧（滴）制设备、软胶囊干燥设备、回收设备等，其中，软胶囊轧（滴）制设备是关键设备。

107.软胶囊机发展简介

滚模式软胶囊机的型号按 JB/T 20027—2009 标注，如：RGY6-15SA 表示单边柱塞为 6、单柱塞供料量为 200mL、包容物为液体（Y）、水冷式（S）滚模式软胶囊机（RG），经过第一次改进设计（A）。

滚模的型号按 JB/T 20027—2009 标注，如：08 号 OB/6×23 表示公称装量为 8 量滴（0.493mL）、滚模上孔位分布为 6 排×23 孔/排、圆柱形软胶囊（OB；OV：橢圆形；R：球形；T：管形；S：栓形）的滚模。

软胶囊轧制设备有滚模式和平板模式两种。

二、滚模式软胶囊机

滚模式软胶囊机又叫轧囊机，其配套机组主要由主机、输送机、干燥机、电控柜、明胶桶和药液桶等多个单体设备组成。

1. 主机

图 5-22 所示为 RGY6-15 型滚模式软胶囊机示意图，主要由机座、供料系统、胶带成型装置、软胶囊成型装置、下丸器、拉网轴等组成。能自动完成胶膜的制备、内容物（多种形式）定量供给、软胶囊封装成丸等工作。

108.滚模式软胶囊机

（1）机座　是主机整机支承座，内置电动机一台，电动机通过控制系统中变频器进行无级调速，是整机的动力源，动力通过 V 带传动至机身，通过齿轮及蜗杆蜗轮传动系统，将电动机的动力分配给机头、胶带鼓轮、油滚系统、拉网轴等工作部件。机身底部装有齿轮泵，将贮存在机身中的润滑油输送至各转动部件提供润滑，保证各部件正常运转。机身内还装有一柱塞泵，向油滚系统定量提供胶膜润滑油。

（2）供料系统 包括供料斗、供料泵、料液分配板、进料管、回料管、密封垫和喷体等。

料斗置于供料泵上方，供料泵是供料系统的核心部分，本机选用的是柱塞泵，其结构见图5-23。左右两端各6个柱塞通过传动机构带动做往复运动，在一个周期的往复运动中，一端的6根柱塞可将料斗中的料液吸入柱塞泵缸本体，另一端的6根柱塞可将料液挤出本体，再通过供料泵上部供料板两侧的各6根导管送入供料板组合，经供料板组合中的分流板分配后，部分或全部料液从楔形喷体喷出，其余料液沿回料管返回供料斗。供料泵左侧的调整手轮可以同时调整12根柱塞的行程，逆时针旋转手轮加大柱塞行程，使供料量增大。

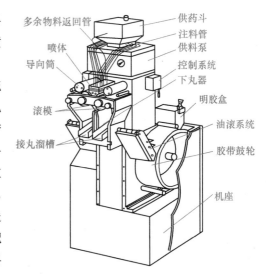

图5-22 **滚模式软胶囊机示意图**

机头右侧的升降机构可使供料泵升高和降低，带动喷体与滚模脱离或接触。滚模上无胶膜时供料泵必须处于高位。

供料组件包括料液分配板、密封垫和喷体。将料液分配板放在喷体上面，确保端部箭头尖角朝上，箭头朝后。在料液分配板的两面各放一配套的密封垫，并将开关扳组合安装在料液分配板的上面，然后与注射板连接即可。将加热管及温度传感器装入楔形喷体中，并将插头连接在机身后面的接线面板上。严禁喷体在未与胶膜接触的情况下通电加热。

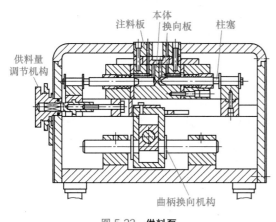

图5-23 **供料泵**

生产时供料泵的转动必须和滚模的转动协调同步，以保证喷体注射药液与滚模上的模腔对应。调整时，脱开传动系统顶盖上的中介齿轮与变换齿轮，使其处于非啮合状态，转动供料泵方轴（由上向下观察，顺时针方向转动），使供料泵前面的三根柱塞处于极前位置且消除盘形凸轮空行程（即柱塞即将向后推进），然后将中介齿轮与传动变换齿轮啮合，锁紧。

（3）胶带成型装置 主要部件是胶盒和油滚系统。

由明胶、甘油、水及防腐剂、着色剂等附加剂加热熔制而成的明胶液，放置于吊挂着的明胶桶中，将其温度控制在70℃左右。明胶液通过保温导管靠自身重力流入到位于机身两侧的明胶盒中。

明胶盒是长方形的，用支架螺钉固定在机身并置于胶带鼓轮上方，如图5-24所示。将电加热元件和温度传感器置于明胶盒内，将插头连接在机身后面的接线面板上，使得盒内明胶保持在60℃左右，既能保持明胶的流动性，又能防止明胶液冷却凝固，以利于胶带的生产。胶盒内设有浮子开关，控制输胶管路的通断，自动控制胶盒内的液位高度。在明胶盒后

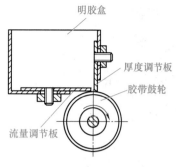

明胶盒

厚度调节板

胶带鼓轮

流量调节板

图 5-24 明胶盒示意图

面及底部各安装了一块可以调节的活动板，通过调节这两块活动板，使明胶盒底部形成一个开口。可调节胶带成形的宽度和厚度，厚度一般控制在 0.4～0.9mm 之间（以生产需要为准）。

明胶盒的开口位于旋转的胶带鼓轮的上方，随着胶带鼓轮的平稳转动，明胶液通过明胶盒下方的开口，依靠自身重力涂布于胶带鼓轮的外表面上。胶带鼓轮的外表面很光滑，其表面粗糙度 $Ra \leqslant 0.8 \mu m$。要求胶带鼓轮的转动平稳，从而保证生成的胶带均匀。冷风从主机后部吹入，使得涂布于胶带鼓轮上的明胶液在鼓轮表面上冷却而形成胶带。鼓轮的宽度与滚模长度相同。

油滚系统有两套，分别安装于机身的左右两侧，用于将涂布在胶带鼓轮上的胶膜剥落并输送至机头滚模处，同时给胶膜两侧表面涂一层液态润滑油，以保证胶带在机器中连续、顺畅地运行。

每批生产结束时必须对胶盒进行分解式清洗，清洗时注意保护零件，以免损伤。

（4）软胶囊成型装置　主要包括滚模与喷体。

滚模是软胶囊机中的主要部件，结构如图 5-25（a）所示。滚模上有许多凹槽（相当于半个胶囊的形状）均匀分布在其圆周的表面，在滚模轴向上，凹槽的排数与喷体的喷药孔数相等，而滚模周向上，凹槽的个数和供药泵冲程的次数及自身转数相匹配。

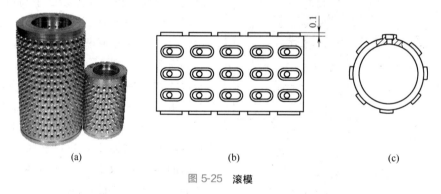

(a)　　　　　　　　(b)　　　　　　　　(c)

图 5-25 滚模

楔形喷体是软胶囊成型装置中的另一关键零件。如图 5-26 所示，喷体曲面的形状直接影响软胶囊质量。在软胶囊成型过程中，胶带局部被逐渐拉伸变薄，喷体曲面应与滚模外径相吻合，如不能吻合，胶带将不易与喷体曲面良好贴合，那样药液从喷体的小孔喷出后，就会沿喷体与胶带的缝隙外渗，降低了软胶囊接缝处的黏合强度，影响了软胶囊质量。如图 5-27 所示，喷药孔在喷体内装有管状电热元件，与喷体均匀接触，从而保证喷体表面温度一致，使胶带受热变软的程度处处均匀一致。当其接受喷体药液后，药液的压力使胶带完全地充满滚模的凹槽。滚模上凹槽的形状、大小不同，即可生产出形状、大小各异的软胶囊。

生产前，先调整两滚模同步，使模腔一一对应：旋转滚模左边的加压旋钮，使两滚模不加压力自然接触，松开机器背面对线机构的紧固螺钉，用对线扳手转动右主轴，使右滚模转动，使左右转模端面上的刻度线对准（最好以模腔边缘对齐为准），对准误差应不大于 0.05mm，然后锁紧紧固螺钉；再调整滚模与喷体同步，调整时升起供料系统，将喷体取下放在滚模上，在喷体与滚模之间放一纸垫，以免相互摩擦损伤。喷体端面上有一喷体位置刻线，滚模端面上有与模腔基准线一致的刻线，通过点动操作主机运转，调整这两条线的相互位置，使喷体上的喷孔置于模腔之内，经供料泵注出的药液即可注入胶囊内，调整时必须考虑胶膜厚度的影响。

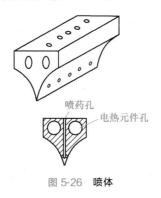

图 5-26　喷体

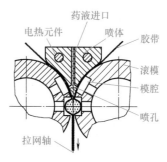

图 5-27　软胶囊成型装置

在运行过程中，制备成型的明胶带经过油滚系统和导向筒，被送到两个滚模与软胶囊机上的楔形喷体之间，如图 5-28 所示。一对滚模同步相对转动，喷体则静止不动，当滚模转到凹槽与楔形喷体上的一排喷药孔对准时，配制好的药液从吊挂的药桶流入主机顶部的供药斗内，并由供药泵的十根供药管向喷体上的喷药孔定量喷出。喷体上有两个圆柱孔，孔内装有加热元件，使得胶带与喷体接触时被重新加热变软，靠喷射压力使两条变软的胶带与滚模对应的部位产生变形，并挤到滚模凹槽的底部。为了方便胶带充满凹槽，在每个凹槽底部都开有小通气孔，使软胶囊很饱满。当每个滚模凹槽内形成了注满药液的半个软胶囊时，凹槽周边的回形凸台（高约 0.1～0.3mm）随着两个滚模的相向转动，两凸台对合，产生压紧力，使胶囊周边上的胶带被挤压黏结，形成一粒粒软胶囊，并从胶带上脱落下来。

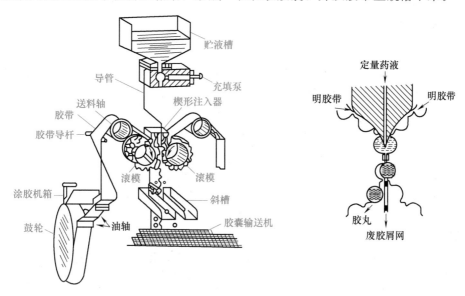

图 5-28　滚模式软胶囊机工作原理示意图

（5）下丸器　在软胶囊经滚模压制成型后，有一部分软胶囊不能完全脱离胶带，此时需要外加一个力使其从胶带上剥离下来，所以在软胶囊机中安装了剥丸器，结构如图 5-29 所示，在基板上面焊有固定板，将可以滚动的六角形滚轴安装在固定板上方，利用可以移动的调节板控制滚轴与调节板之间的缝隙，一般将二者之间缝隙调至大于胶带厚度、小于胶囊外径的大小，当胶带通过缝隙间时，靠固定板上方的滚轴，将不能够脱离胶带的软胶囊剥落下来。被剥落下来的胶囊沿筛网轨道滑落到输送机上。

下丸器安装在机头正前方滚模下部，经齿轮传动使一对六方轴和一对毛刷旋转，前者用来拨落经滚压后未从胶膜上脱落的胶囊，后者用来清理留在滚模模腔中的胶囊。下丸器设有旋转换向手轮，可控制六方轴正转或反转；宽度调整螺钉用来调节六方轴间的间隙。

（6）拉网轴　在软胶囊的生产中，软胶囊不断地从胶带上剥离下来，同时产生出网状的废胶带，需要回收和重新熔制，为此在软胶囊机的剥丸机下方安装了拉网轴，将网状废胶带拉下，收集到盛胶桶内。其结构如图 5-30 所示，焊一支架在基板上，其上装有滚轴，在基板上还安装有可以移动的支架，其上也装有滚轴。两个滚轴与传动系统相接，并能够相向转动，两滚轴的长度均长于胶带的宽度。在生产中，首先将剥落了胶囊的网状胶带夹入两滚轴中间，通过调节两滚轴的间隙，使间隙小于胶带的厚度，这样当两滚轴转动时，就将网状废胶带垂直向下拉紧，并送入下面的盛胶桶内回收。

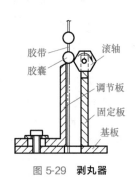

图 5-29　剥丸器

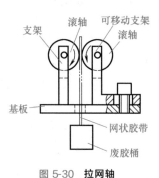

图 5-30　拉网轴

2. 风机

其用途是将主机封装成型的胶囊传送至干燥机。风机安装在干燥机的两端，通过风道向每节转笼提供室内自然风（根据需要提供恒温恒湿风），用于胶囊干燥。

3. 干燥机

干燥机由 4 节相互独立的转笼和两台对置的风机组成，用于胶囊的定型和干燥。可通过调整每节转笼的转向，使胶囊按顺序传递、干燥，直至排出进入下一工序。每节干燥机内部均装有接油盘，用于防止工作时专笼内破丸泄漏的料液或黏于胶囊表面的润滑油落于车间地面上。干燥机除与主机配套使用外，还可单独使用，胶囊定型后通过有机溶剂洗去胶囊表面的润滑油，再进入独立使用的干燥机中作第二步胶囊干燥。

4. 系统控制柜

109.滚模式软胶囊机常见故障分析及处理方法

系统控制柜是软胶囊生产线的控制中心，用于全套设备的自动控制。其内装有控制胶盒和喷体的温度控制仪，控制主机的变频器及各部件的控制开关，控制显示软胶囊机工作状态及各项参数。

5. 保温贮存罐

保温贮存罐使用不锈钢焊接而成的三层夹套容器，置于主机后面。内桶用于装胶液或料液，夹层中装有软化水，并装有加热器和温度传感器。通过温度控制仪可精确控制和指示夹层中的水温，以保证胶液需要的工作温度，一般设定在 55～70℃。通过压力控制（通常不大于 0.04MPa），可将桶内胶液输送至主机的胶盒中或将料液输送至料斗中。使用时严禁在夹层缺水时使加热器通电加热。

 **工业案例**

110.工业案例解析

某厂调试滚模式软胶囊机时发生胶丸夹缝处有漏液现象。

想一想：这是为什么？应如何处理？

三、滴制式软胶囊机

滴制式胶囊机是将胶液与油状药液通过滴丸机喷嘴滴出，明胶液将定量的油状药液包裹后，滴入另一种不相混溶的冷却液（如液体石蜡）中，胶液被冷却并逐渐凝固成丸状的无缝软胶囊。

滴制式软胶囊机（滴丸机）的组成和工作原理如图 5-31 所示，主要由四部分组成。

（1）滴制部分：将油状药液及熔融明胶通过喷嘴制成软胶囊。由原料贮槽、定量装置、喷嘴等组成。

（2）冷却部分：由冷却液循环系统、制冷系统组成。

（3）电气自控系统。

（4）干燥部分。

滴丸机工作时，将明胶、甘油、水和其他辅料盛放在化胶箱内，其底部有导管与热胶箱相连接。热胶箱是利用电加热器加热，使胶液保持恒温。在热胶箱内及药液箱底部均设置定量柱塞泵，由柱塞泵间歇地、定量地将热熔明胶液与油状药液喷出，明胶液通过连接管由上部进入喷头，沿喷头与滴嘴所形成的环隙滴出；在胶液滴出的同时，药液通过连接管注入喷头内孔之中，自喷头滴出的药液就被包裹在胶液里面，由于胶液的表面张力使其自然收缩闭合成球状胶丸，滴入冷凝器的液体石蜡中。为保证液体石蜡不升温，在石蜡筒外通入冷却水加以冷却。柱塞泵内柱塞的往复运动由凸轮通过连杆推动完成，两种液体喷出时间的调整由调节凸轮的方位确定。

图 5-32 所示为喷嘴结构。在软胶囊制造中，明胶液与油状药物的液滴分别由柱塞泵压出，将药物包裹到明胶液膜中以形成球形颗粒，这两种液体应分别通过喷嘴套管的内、外侧，在严格的同心条件下，先后有序地喷出才能形成正常的胶囊，而不致产生偏心、拖尾、破损等不合格现象。药液由侧面进入喷嘴并从套管中心喷出，明胶从上部进入喷嘴，通过两个通道流至下部，然后在套管的外侧喷出，在喷嘴内两种液体互不相混。从时间上，看两种液体喷出的顺序是明胶喷出时间较长，而药液喷出过程应位于明胶喷出过程的中间位置。

在软胶囊的制备中，明胶液和药液可采用柱塞泵或三柱塞泵计量。最简单的柱塞泵如图 5-33 所示。泵体中有柱塞，可以做垂直方向上的往复运动，当柱塞上行超过药液进口时，将药液吸入，当柱塞下行时，将药液通过排出阀压出，由出口管喷出，喷出结束时出口阀的球体在弹簧的作用下，将出口封闭，柱塞又进入下一个循环。

目前使用的柱塞泵可微调喷出量，其结构如图 5-34 所示。该泵的机构是采用动力机械的油泵原理。当柱塞上行时，液体从进油孔进入柱塞下方，待柱塞下行时，进油孔被柱塞封闭，使室内油压增高，迫使出油阀克服出油阀弹簧的压力而开启，此时液体由出口管排出；

当柱塞下行至进油孔与柱塞侧面凹槽相通时，柱塞下方的油压降低，在弹簧力的作用下出油阀将出口管封闭。喷出的液量由蜗杆和蜗轮控制柱塞侧面凹槽的斜面与进油孔的相对角度来调节。该泵的优点是可微调喷出量，因此滴出的药液剂量更准确。

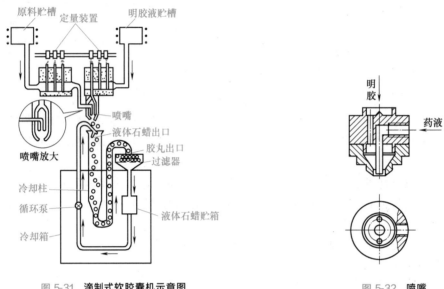

图 5-31　滴制式软胶囊机示意图

图 5-32　喷嘴

图 5-35 所示为常用的三柱塞泵原理示意图。泵体内有 3 个作往复运动的活塞，中间的活塞起吸液和排液作用，两边的活塞具有吸入阀和排出阀的功能。通过调节推动活塞运动的凸轮方位可控制 3 个活塞的运动次序，进而可使泵的出口喷出一定量的液滴。

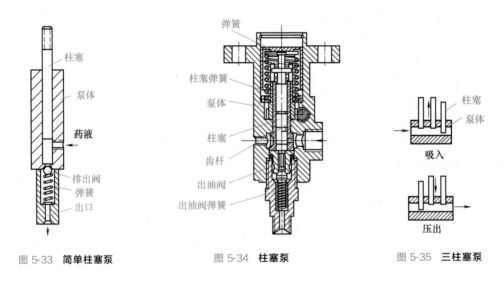

图 5-33　简单柱塞泵

图 5-34　柱塞泵

图 5-35　三柱塞泵

想一想
比较滚模式软胶囊机和滴制式胶丸机，讨论技术革新的方向。

项目小结

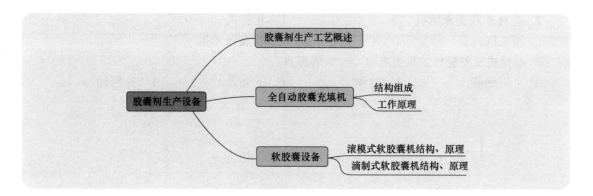

项目检测

一、单项选择题

111.项目检测参考答案

1. NJP800 型全自动胶囊充填机的孔板落料器内的空胶囊帽（　　），垂直槽内的空胶囊帽（　　）。

A. 都朝上 　　　　　B. 都朝下 　　　　　C. 有的朝上有的朝下

D. 都朝后

2. NJP800 型全自动胶囊充填机模块转台的工位 4 完成（　　）动作，工位 6 完成（　　）动作，工位 8 完成（　　）动作，工位 9 完成（　　）动作。

A. 合囊 　　　　　B. 出囊 　　　　　C. 接囊 　　　　　D. 充填

E. 剔废

3. NJP 型全自动胶囊充填机空胶囊的整向顺序是（　　）。①轴线一致；②体下帽上；③体上帽下；④体前帽后

A. ①②③④ 　　　　B. ②①④ 　　　　C. ①④② 　　　　D. ②③①

4. NJP 型全自动胶囊充填机剔废工位剔除的废品是（　　）的胶囊。

A. 充填药物少的胶囊 　　　　　　　B. 充填药物过多的胶囊

C. 未拔开的空心胶囊 　　　　　　　D. 残、碎胶囊

5. NJP 型全自动胶囊充填机更换上下模块时，必须要进行上下对中的同心度调整，一般在（　　）工位进行。

A. 剔废 　　　　　B. 合囊 　　　　　C. 出囊 　　　　　D. 清理模孔

二、多项选择题

1. NJP800 型全自动胶囊充填机的模块转台的工位 1 完成（　　）任务。

A. 整向 　　　　　B. 接囊入模 　　　　C. 开囊 　　　　　D. 剔废

2. NJP800 型全自动胶囊充填机的模块转台在（　　）工位处上下模块对齐，在（　　）工位处下模块相对上模孔处于最外、最下方。

A. 落囊 　　　　　B. 清理模孔 　　　　C. 充填 　　　　　D. 合囊

E. 出囊 　　　　　F. 剔废

3. NJP800 型全自动胶囊充填机的模块转台在（　　）工位处下模块的下方有推杆。

A. 充填　　　　　　　B. 剔废　　　　　　C. 合囊　　　　　　D. 出囊

4. 可以生产软胶囊的设备有（　　）。

A. 全自动胶囊充填机　　　　　　B. 轧囊机

C. 滴丸机　　　　　　　　　　　D. 胶囊抛光机

5. 滚模式软胶囊机的机头有（　　）等部件。

A. 一对滚模　　　　　B. 喷体　　　　　　C. 下丸器　　　　　D. 拉网轴

项目六
丸剂生产设备

 项目导入

《红楼梦》中的林黛玉从小服用的"人参养荣丸"，薛宝钗从小服用的"冷香丸"，等等，这些都是丸剂。丸剂是指由药物细粉或药材提取物加适宜的胶黏剂或辅料制成的球形或类球形的制剂，是中国最古老的传统剂型之一。中药丸剂有水丸、蜜丸、水蜜丸、浓缩丸、糊丸、蜡丸、滴丸等，制备方法有：塑制法、泛制法、滴制法。三种生产丸剂的工艺及所用设备如下图6-1所示。

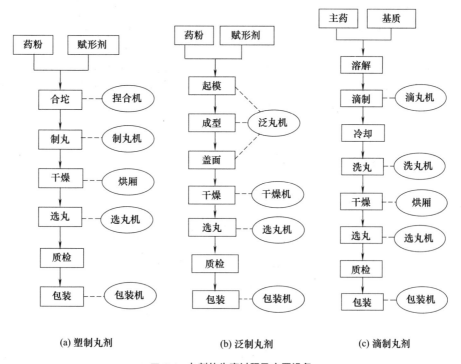

(a) 塑制丸剂　　　　(b) 泛制丸剂　　　　(c) 滴制丸剂

图 6-1　丸剂的生产过程及主要设备

本项目选取了丸剂生产中应用广泛的、先进的设备作为学习载体，设计了两个学习任务：任务一塑制丸剂设备；任务二中药自动滴丸机应用技术。

学习目标

知识目标：1. 了解丸剂生产工艺及所用设备的种类。
　　　　　2. 熟悉常用丸剂设备的结构组成和工作原理。
技能目标：1. 会按 SOP 正确使用和操作中药自动制丸机、中药滴丸机。
　　　　　2. 会按 SOP 清场、维护丸剂设备。
　　　　　3. 会对中药自动制丸机、中药滴丸机常见故障进行分析并排除。
创新目标：分析不同类型制丸机、滴丸机的微创新。
思政目标：传承和弘扬中医药传统文化，促进中医药振兴发展。

任务一　塑制丸剂设备

一、概述

112.丸剂发展历史

113.丸剂的分类

　　塑制丸是将药材粉末与赋形剂混合制成软硬适度的可塑性的丸块，再经搓条、分割及搓圆制成的丸剂，如蜜丸、糊丸、蜡丸等，所用制丸机有多功能中药制丸机、全自动中药制丸机等。

　　泛制丸是将药物细粉用润湿剂或黏合剂泛制而成的丸剂，如水丸、水蜜丸等，所用泛丸机实际上就是荸荠式包衣机，图见项目四 4-25。工作时，先起模，再将模子倒入水丸机滚筒，开启机器，使模子在滚筒内做圆周运动，用长勺往滚筒内两侧撒入中药粉末，同时用喷壶往滚筒内底部喷雾状清水。重复此步骤，使模子不断滚大，直至形成所需规格大小的水丸。泛丸机结构简单，操作、清洗方便，适应性强，但工作耗时多；适用于中药小丸的泛制、打光及片剂表面包衣。

二、制丸传统设备

1. 捏合机

取混合均匀的药物细粉，加入适量胶黏剂，充分混匀，制成湿度适宜、软硬适度的可塑性软材，在中药行业中习称"合砣"。

114.中药设备与中药现代化

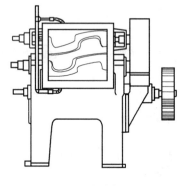

图 6-2　捏合机

　　生产上"合砣"一般在捏合机中进行，常用的捏合机如图 6-2 所示。此机由金属槽及两组强力的 S 形桨叶所构成，槽底呈半圆形，两组桨叶的转速不同并且沿相对方向旋转，由于桨叶间的挤压、搓捏以及桨叶与槽壁间的研磨等作用，可形成不黏手、不松散、湿度适宜的可塑性丸块。丸块的软硬程度应以不影响丸粒的成型和在贮存中不变形为度。丸块取出后应立即搓条，若暂时不搓条，应以湿布盖好，以防止干燥。

2. 丸条机

丸块制好后，需将丸块制成粗细适宜的条形以便于分粒。丸条机有螺旋式丸条机和挤压式出条机两种。

螺旋式丸条机的构造如图 6-3 所示。丸条机开动后，从加料斗加入丸块，料斗底部轴上叶片旋转将丸块挤入螺旋输送器中，被螺旋挤送至出口形成丸条。丸条的粗细受出口处丸条管的粗细控制，若要改变丸条的粗细，可通过更换出口处不同直径的丸条管来实现。

挤压式出条机的构造如图 6-4 所示。操作时将丸块放入料筒，利用机械能推进螺旋杆，从而推动活塞，将筒内丸块挤压到出口，形成粗细均匀的丸条。该机也是根据需要更换不同直径的出条管来调节丸条的粗细。

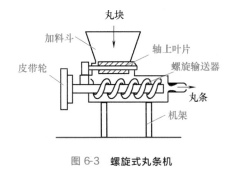

图 6-3　螺旋式丸条机

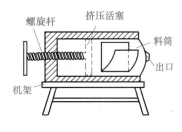

图 6-4　挤压式出条机

3. 轧丸机

丸条制好后，需将丸条分割及搓圆而制成丸剂。生产上丸条的分割及搓圆通常在轧丸机上进行。常用的轧丸机有滚筒式轧丸机、联合式制丸机和自动制丸机三种。滚筒式轧丸机分双滚筒式和三滚筒式两种。联合式制丸机分切割式和滚筒式两种。

（1）双滚筒式轧丸机　如图 6-5 所示，主要构造是由两个带有半圆形切丸槽的铜制滚筒所组成，两滚筒切丸槽的刃口相吻合。两滚筒以不同的速度（约 90r/min 和 70r/min）作同一方向旋转。操作时将丸条置于两滚筒切丸槽的刃口上，滚筒转动时将丸条切断，并将丸粒搓圆，沿滑板落入接收器中。

115.轧丸机

（2）三滚筒式轧丸机　如图 6-6 所示，主要构造是由三个带有凹槽的滚筒组成，这三个滚筒呈三角形排列，底下的一个滚筒（底辊）直径较小，转速约 150r/min，上面的两个形状相同的滚筒（槽辊）直径较大，靠里边的一个转速约 200r/min，靠外边的一个在旋转的同时还定时地轴向移动，转速为 250r/min，定时的轴向移动由离合装置控制。将丸条放于上面的两个滚筒之间，通过三个滚筒转动及其中一个滚筒定时轴向移动，即可完成分割与搓圆的工作。操作时在上面的两只滚筒上宜随时揩拭润滑剂，以免软材黏于滚筒。这种轧丸机适用于蜜丸的成型。成型丸粒呈椭圆形，冷却后即可包装。此机不适于生产质地较松软材的丸剂。

（3）滚筒式联合制丸机　用塑制法制备小蜜丸或糊丸时，药厂多用滚筒式联合制丸机，此机可将丸块制成丸粒，包括丸块的分割和搓圆成型等操作。滚筒式联合制丸机的结构如图 6-7 所示。其主要的构造是由加料斗、带槽滚筒、牙板、无槽滚筒及搓板等部分组成。操作时，将制好的丸块加入加料斗，随着两根带有刮板的光辊轴相对旋转，将丸块挤压成条向下输送，填入带槽滚筒的槽内，槽外黏着的丸块由刮刀刮除。带槽滚筒与牙板配合，带槽滚筒转动一次，牙板将槽内填充的丸块剔出，由搓板往复搓动而搓成圆丸，经过溜板落于缓缓旋转的竹筛中。

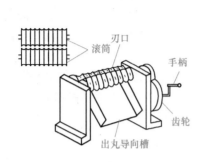

图 6-5　双滚筒式压丸机

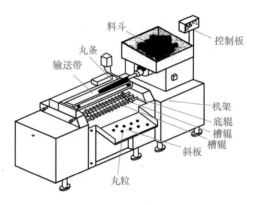

图 6-6　三滚筒式轧丸机

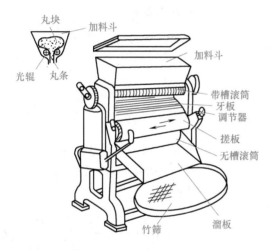

图 6-7　滚筒式联合制丸机

滚筒式联合制丸机构造简单，所占面积亦较小，生产效率每小时可达约 10 万粒，但操作时噪声大。

4. 选丸机

制好的水丸、蜜丸等，由选丸机筛选，以剔除过大或过小的丸粒。常用的选丸机有滚筒筛、检丸机等。

滚筒筛如图 6-8 所示，筛子由薄铁片卷成，筒上布满筛眼，筒身分段，前段的筛孔小，后段的筛孔大，以便丸粒从前向后滚动时被筛眼分成几等，由滚筒末端落入接收器中，嵌在筛孔中的丸粒由毛刷将其压下。多用于分离过大、过小、畸形丸粒和并粒。

116.滚筒筛

检丸机如图 6-9 所示。此机分上下两层，每层装三块斜置玻璃板，玻璃板之间相隔一定距离。丸粒由加丸漏斗经过闸门落于玻璃板的斜坡并向下滚动，当滚至两玻璃板的间隙时，完整的丸粒因滚动快，能越过全部间隙到达盛好丸粒的容器内；但畸形的丸粒由于滚动迟缓或滑动，当到达玻璃间隙时，不能越过而漏下，另器收集。玻璃板的间隙越多，所挑拣的丸粒越完整。此机适用于分离体积小而质硬的丸剂。

5. 多功能中药制丸机

多功能中药制丸机又称蜜丸机，型号按 JB/T 20054—2005，如：WZM3/9 型表示中药蜜丸成品规格为 3～9g 的多功能中药（Z）蜜丸（M）制丸机（W）。

多功能中药制丸机主要由制（压）片部分和出条部分（制条轴）、制丸部分（制丸轴）、抛光干燥部分、加热部分组成，见图 6-10、图 6-11。

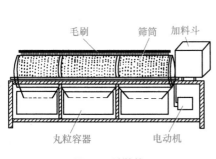

图 6-8 滚筒筛

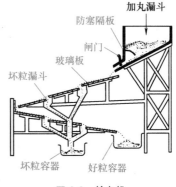

图 6-9 检丸机

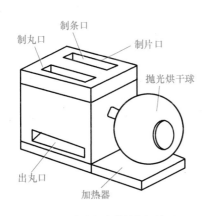

图 6-10 多功能中药制丸机外形图

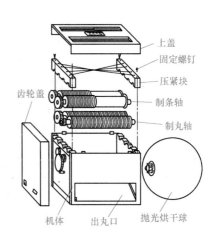

图 6-11 多功能中药制丸机结构图

制片部分和出条部分都在制条轴上，将调配均匀的团状药料取适量投入挤压槽口中，进行压饼，然后将饼状药料投入出条槽中成条，再将已做成的药条逐根横放在制丸槽中直接搓制成丸。药丸制成后，将药丸放入抛光烘干球内随之连续翻滚，滚动时间越长，表面越光滑，然后进行电加热烘干。

多功能中药制丸机结构简单，出条、搓丸、烘干一次完成，且丸型光圆、大小均匀，不易破碎，无需进行筛选，适用性强，可生产各种黏度的软、硬蜜丸以及浓缩丸、水蜜丸、水丸、丸状食品等，还可以包衣和烘干；一机多用，拆洗方便，体积小，多用于实验室等小批量生产场合。

三、中药自动制丸机

中药自动制丸机型号按 JB 20024—2004 标注，如：WZL-120 型表示最大生产能力 120kg/h、立式（L；W—卧式）中药（Z）自动制丸机（W）。

其结构如图 6-12 所示。主要由捏合部分、制条部分、轧丸和搓丸部分、传动部分、电气控制部分组成。

工作时，将制好的药坨投入加料斗内，利用螺旋推进器将药团挤压并推至出条嘴，出条嘴视产量要求可安装单条或多条的出条刀。药条经导轮引入两个制丸滚轮中间。两个制丸滚轮在传动系统带动下，既相对旋转又沿轴向相对运动。

117.全自动中药自动制丸机

118.中药制丸机的发展

119.WZL-120型全自动中药制丸机标准操作规程

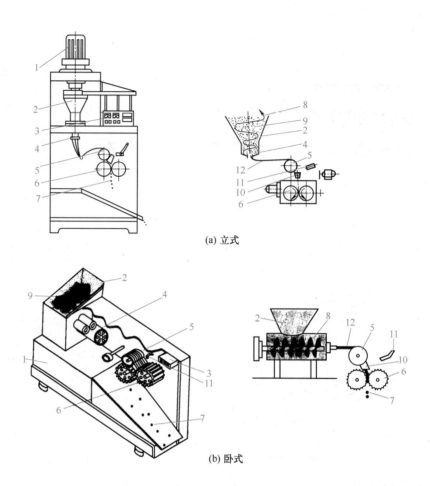

(a) 立式

(b) 卧式

图 6-12　中药自动制丸机结构原理图

1—传动系统；2—料斗；3—控制器；4—出条嘴；5—导轮；6—制丸滚轮；7—药丸；
8—螺旋推进器；9—药团；10—导向架；11—喷头；12—药条

药条在制丸滚轮的第一对槽中被切断为小段，之后随着制丸滚轮的旋转和轴向相对运动，小段药条被搓圆，从而制成大小均匀的药丸。酒精喷嘴喷洒在药丸上，防止黏连。

中药自动制丸机结构简单，体积小，重量轻，运行平稳；与药物接触部位及外观表面均采用不锈钢材料，工作面无死角，密封性好，拆卸、清洗方便，符合 GMP 要求；该机适用于水丸、水蜜丸及蜜丸的生产，是目前较新型的自动制丸机械。

120.中药自动制丸机常见故障分析及排除

📖 工业案例

某中药厂生产的大蜜丸在贮存一定时间后，在其表面出现皱褶、返沙、变硬等现象。

想一想：这是为什么？应如何处理？

121.工业案例解析

想一想
1. 哪些食品的形状像丸剂？它们是怎样加工出来的？
2. 哪些机器与多功能中药制丸机相似？哪些与中药自动制丸机相似？

任务二　中药自动滴丸机应用技术

一、概述

滴丸制剂是将饮片中提取的有效成分或提取物加入特定的载体（基质或辅料）制成溶液或混悬液，再滴入一种与之不相混溶的液（气）体冷却剂中冷凝成一种呈高度分散的固体分散物丸状药物。业内也将其称为固态溶液，又称固化液，如复方丹参滴丸等。滴丸剂的基质种类较少，要求能在较低温度下熔融，药物能溶解、混悬或乳化于熔融的基质中。

滴丸制剂具有溶出快、生物利用度高、疗效好、副作用小、药物稳定性好及制备简便、质量易控等优点，因此受到医药界广泛的重视。近年来随着滴丸相关辅料和制备工艺研究的不断深入和发展，滴丸制剂这一优良剂型得到了日益广泛的应用。

滴丸剂生产成型设备可进行以下分类。

按所产滴丸的丸重分为：小滴丸机（0.5～7mg）、滴丸机（7～70mg）、大滴丸机（70～600mg）。

按所产滴丸材质的性质分为：实心滴丸机、胶丸滴丸机。

按生产能力分为：小型滴丸生产线（1～12孔滴头）、中型滴丸生产线（24～36孔滴头）、大型滴丸生产线（100孔滴头）、组合式滴丸生产线（由若干100孔滴头大型生产单元组合而成）。

滴丸剂生产方法可进行以下分类。

按滴头的工作原理分为：自然重力滴制法、柱塞脉冲滴制法、脉冲切割法、震荡滴制法。

按滴丸在冷却剂中的运行方向分为：自然坠落滴法（药液依自然重力，在冷却剂中自上而下坠落冷却成型）、浮力上行滴法（药液的密度小于冷却剂的密度，滴制时由浮力作用，药液液滴在冷却剂中由下向上漂浮冷却成型）。

实心滴丸机的型号按 JB/T 20082—2006 标注，如：WD48 型表示滴头数量为 48 个，下滴流式（S—向上式；向下式不标注）的实心滴丸机（W—丸剂机械；D—滴制式）。

目前，国内的滴丸品种绝大部分为实心滴丸，故以 WD2000 系列实心滴丸机为例予以介绍。

122.中药丸剂
的特点

123.滴丸剂的
发展

查一查：1. 各种不同中药丸剂的特点是什么？
　　　　2. 药店常见的中药滴丸品种有哪些？
想一想：滴制式软胶囊与中药滴丸的生产设备一样吗？
讨论：中药丸剂的发展前景怎样？你认为应该怎么发展？

124.实心滴丸机
和空心滴丸机

二、小型滴丸机

图 6-13 所示为实验室用的小型滴丸机，主要由滴瓶、冷却柱、恒温箱三部分组成。工作原理是将溶于基质（聚乙二醇、明胶和硬脂酸等）的固体或液体药物经贮液瓶加温、搅拌混合成混悬液，再通过气压输送至滴瓶，并经过特制的滴头滴入冷却柱内的冷却剂（液体石蜡、植物油、甲基硅油或水等）中，利用液体表面张力作用，通过严格控制冷却剂的温度，使药滴形成圆球度极高的滴丸。

此实验装置的滴瓶有调节滴出速度的活塞，有保持液面一定高度的溢出口、虹吸管或浮球，它可在不断滴制与补充药液的情况下保持低速不变。恒温箱包围滴瓶和贮液瓶等，使药液在滴出前保持一定温度不凝固，箱底开孔，药液由滴瓶口（滴头）滴出。冷却柱其高度和外围是否用水或冰冷凝，应根据各品种的具体情况而定。冷却柱的一般高度为 40～140cm，温度维持在 10～15℃。药液的密度如小于冷却剂，选用图 6-13（a）装置（上行法），反之，选用图 6-13（b）装置（下行法）。

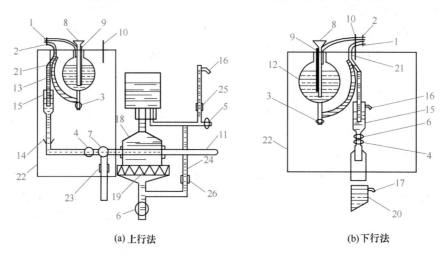

(a) 上行法　　　　　　(b)下行法

图 6-13　实心滴丸机原理示意图

1～7—玻璃旋塞；8—加料漏斗；9,10—温度计；11—导电温度计；12—贮液瓶；13—虹吸管；
14,21—启口连接；15—滴瓶；16,17—溢出管；18—保温瓶；19—加热器；20—冷却柱；
22—电热保温箱；23,25,26—橡皮管连接；24—橡皮管

三、全自动实心滴丸机

目前，工业上应用广泛的 WD2000 系列实心滴丸机系统主要由以下几部分组成：药物调剂供应系统、动态滴制收集系统、循环制冷系统、计算机触摸屏控制系统、在线清洗系统、集丸离心机、筛选干燥机，如图 6-14 所示。工作时，将中药或西药原料与基质放入调料罐内，通过加热、搅拌制成滴丸的混合药液，经送料管道输送到滴罐到滴嘴。当温度满足设定值后，打开滴嘴开关，药液由滴嘴小孔流出，在端口形成液滴后，滴入冷却柱内的冷却液中，药滴在表面张力作用下成型，冷却液在磁力泵的作用下，从冷却柱内的上部向下部流动，滴丸在冷却液中坠落，并随着冷却液的循环，从冷却柱下端流入塑料钢丝螺旋管，并在流动中继续降温冷却变成球体，最后在螺旋冷却管的上端出口落到传送带上，滴丸被传送带送出，冷却液经过传送带和过滤装置流回到制冷箱中。滴丸

经离心机甩油，再由振动筛或旋转筛分级筛选后包装出厂。

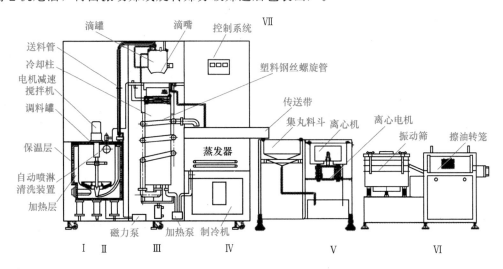

图 6-14 实心滴丸机机组系统示意图

Ⅰ—药物调剂供给系统；Ⅱ—在线清洗系统；Ⅲ—动态滴制收集系统；Ⅳ—循环制冷系统；

Ⅴ—集丸离心机；Ⅵ—筛选干燥机；Ⅶ—计算机触摸屏控制系统

药物调剂供应系统由调料罐（包括：保温层、加热层、电动减速搅拌机）、油浴循环加热泵、药液自动输出开关、压缩空气输送机构等组成。其功能为：将药液与基质放入调料罐内，通过油浴加热、熔化、搅拌制成滴丸的混合药液，然后用压缩空气，通过送料管道将其输送到滴罐内。调料罐、药液开关、送料管道、滴罐等部位，均为夹层，全程油浴循环加热、保温。

动态滴制收集系统由冷却柱、加热器、输送管道等组成。冷却柱为柱形圆筒，作用是接收滴嘴滴落的药液，任其坠落，在冷却剂中冷却收缩成球形并输送到出粒口。其高度为不小于 1.0 米，再配以塑料钢丝螺旋管，盘旋在冷却柱外壳，使之形成从滴头到塑料钢丝螺旋管出口的长度不小于 4.0 米的冷却行程，让滴丸充分冷却。冷却柱能以气动或机械方式升降，便于滴头安装和调节最佳滴距。滴罐内液位通过液位传感器控制与供料系统联结，使滴液罐内保持一定液位，同时调节真空度，使罐内处于衡压状态，从而保证均匀稳定滴速。冷滴制时药液由滴头滴入甲基硅油或液体石蜡中，在冷却柱上部装有加热器，可提高上部冷却液的温度，使冷却液温度自上而下成梯度降低，药液由滴头滴入此冷却液，在表面张力作用下适度充分地收缩成丸，使滴丸成型圆滑，丸重均匀。冷却柱内安装了线形压力传感器，通过变频调速控制输液泵的流量，使冷却剂在收集过程中保持了液面的动态平衡。滴头结构如图 6-15 所示。

循环制冷系统包括制冷箱、磁力泵、80 目不锈钢过滤器、阀门等。其功能是使冷却液循环、冷却，保持在一定的温度。为了保证滴丸的圆度，避免滴制的热量及冷却柱加热盘的热量传递给冷却液，使其温度受到影响，采用进口组合的制冷机组，制冷机组通过钛合金制冷器控制制冷箱内冷却剂的温度保证了滴丸的顺利成型。

计算机触摸屏控制系统由 PLC、10.4 英寸触摸屏组成，可显示系统流程和参数设置，自动、手动自由调节，其功能是控制整机各电气元件运转正常，按设定程序和参数进入自动状态下工作。

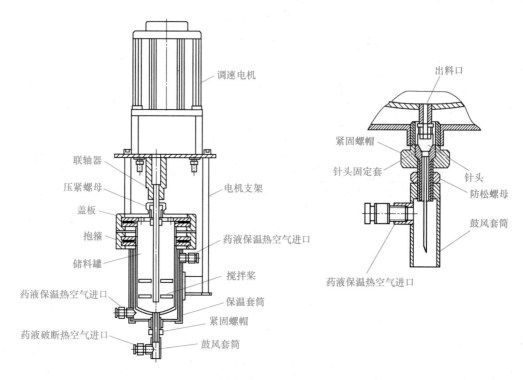

图 6-15 **滴头结构**

在线清洗系统由加热管、输送管道、排水管道组成，其功能是利用独立的操作系统对整个外置罐、调料罐、滴液罐及输药管道进行清洗，以便于清洁作业和更换品种。

此外，还有集丸离心机、筛选干燥机等辅助机构。

集丸离心机由集丸料斗和离心机组成，与滴丸机配套使用。作用是经集丸料斗收集滴丸进入网袋，将网袋放入离心机转笼，按设定转速旋转而离心去油。该机由变频器控制，操作简单，离心机转速无级可调。

128. DWJ-2000 型多功能滴丸机标准操作规程

筛选干燥机由二级振动筛或旋转筛、擦油转笼组成。筛孔直径按丸重差异标准的上限和下限设定，合格滴丸应通过上限，不通过下限。擦油转笼安装无纺布，滴丸在旋转时与其接触，擦除多余的冷却液。它具有自动化程度高、操作简单方便之优点，是自动滴丸机必不可少的后续设备。

近年来，天士力公司围绕其核心产品复方丹参滴丸制备，以滴制和冷凝系统为核心技术，改进滴盘环状、滴头变径通道，首次采用振动滴制丸技术，对液冷循环冷媒装置进行改进，实现了从管外冷阱→管内气冷→管外冷阱＋管内冷风气冷技术创新，简化了滴丸冷凝操作工序，降低了滴丸制备成本，提高了滴制速度、大幅度降低辅料用量和服用剂量，带动了滴丸设备创新发展。

129.工业案例分析

📖 工业案例

某中药厂在生产滴丸时出现拖尾、圆整度差等现象。

想一想：这是为什么？应如何处理？

讨论：怎样将中医药发扬光大？我们自己能做些什么？

 项目小结

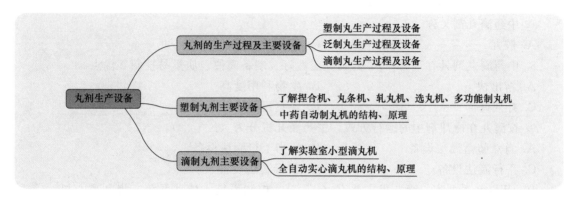

 项目检测

一、单项选择题

1. 塑制法不能用来制备（　　）。

A. 浓缩丸　　　　　B. 蜜丸　　　　　C. 糊丸　　　　　D. 滴丸

2. 泛制法制丸所用的设备是（　　）。

A. 自动制丸机　　B. 联合制丸机　C. 糖衣锅　　　D. 滴丸机

3. 多功能制丸机制丸过程是（　　）。①合坨；②制条；③制片；④制丸

A.①②③④　　　　B.④③②①　　　C.①③②④　　　D.①③④②

4. 中药自动制丸机制丸过程是（　　）。①合坨；②制片；③制条；④制丸

A.①②③④　　　　B.④③②①　　　C.①②④　　　　D.①③④

5. 在中药自动制丸机的两个制丸轮的上方喷洒乙醇的作用是（　　）。

A. 消毒　　　　　　　　　B. 防止药丸黏连制丸轮

C. 赋形剂　　　　　　　　D. 黏合剂

130.项目检测
参考答案

二、多项选择题

1. 中药自动制丸机可以制备（　　）。

A. 水丸　　　　　B. 蜜丸　　　　　C. 水蜜丸　　　D. 滴丸

2. 中药自动制丸机的结构有捏合部分、（　　）、传动部分、机架等组成。

A. 制片部分　　　　　　　B. 制条部分

C. 轧丸和搓丸部分　　　　D. 控制部分

3. 蜜丸一般可以采用（　　）制备。

A. 中药自动制丸机　　　　B. 多功能制丸机

C. 泛丸机　　　　　　　　D. 滴丸机

4. 中药自动制丸机的两个制丸轮完成的任务有（　　）。

A. 制条   B. 切断药条

C. 整丸   D. 搓丸

5. 丸剂型号改变时，中药自动制丸机需要更换（　　）。

A. 螺旋推进器   B. 出条嘴   C. 制丸轮   D. 导轮

6. 丸剂按制备方法分为（　　）。

A. 水丸   B. 塑制丸   C. 泛制丸   D. 滴制丸

7. 中药滴丸剂又称（　　）。

A. 胶丸   B. 固态溶液   C. 固化液   D. 实心丸

8. 中药滴丸剂具有（　　）、药物稳定性好、制备简便、质量易控制等优点。

A. 溶出快   B. 生物利用度高

C. 疗效好   D. 不良反应小

9. 按滴丸在冷却剂中的运行方式，中药滴丸机分为（　　）。

A. 自然坠落滴法设备   B. 浮力上行滴法设备

C. 平行滴法设备   D. 斜行滴法设备

10. WD48 系列实心滴丸机主要有（　　）、控制系统、传动系统、集丸离心机、筛选干燥机等组成。

A. 药物调剂供给系统   B. 动态滴制收集系统

C. 循环制冷系统   D. 在线清洗系统

项目七
水针剂生产设备

 项目导入

首个中药注射剂——柴胡注射液始创于 1941 年太行根据地八路军总后利华制药厂。百团大战之后的日军加紧扫荡封锁，导致药品物资都极为短缺，很多八路军战士患上了流感、疟疾却无药救治。后勤医院四处寻找中草药资源、研制便携剂型，最终试制成功柴胡注射液，小量制备应用于临床。柴胡注射液就是水针剂。

水针剂即最终灭菌小容量注射剂，是水溶剂型注射剂，也是四类针剂（即溶液型注射剂、注射用无菌粉末、混悬型注射剂及乳剂型注射剂）中应用最为广泛也最具代表性的一种注射剂。水针剂生产是用注射用水作为溶媒溶解药物后灌封在安瓿瓶内的生产过程，故又称小针剂。水针剂的生产过程有灭菌工艺及无菌工艺两种。灭菌工艺及主要设备如图 7-1 所示。

131.注射剂的发明

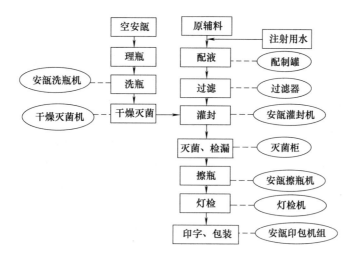

132.灭菌工艺及无菌工艺

图 7-1　水针剂灭菌工艺的生产过程及主要设备

本项目选取了水针剂生产中应用广泛的典型设备作为学习载体，共有四个学习任务：任务一安瓿洗烘灌封联动机；任务二安瓿灭菌柜；任务三安瓿灯检机；任务四安瓿印字机。

学习目标

知识目标：1. 了解水针剂生产工艺及所用设备的种类。
2. 熟悉常用水针剂设备的结构组成和工作原理。

技能目标：1. 会按 SOP 正确操作安瓿超声波洗瓶机、安瓿灌封机、安瓿洗烘灌封联动机等设备。
2. 会按 SOP 清场、维护水针剂设备。
3. 会对安瓿超声波洗瓶机、安瓿灌封机、安瓿洗烘灌封联动机等设备常见故障进行分析并排除。

创新目标：分析不同类型安瓿超声波洗瓶机、安瓿灌封机、安瓿洗烘灌封联动机的微创新。

思政目标：1. 讲中药柴胡注射液的发明故事，学习八路军自力更生、艰苦奋斗、自主创新的精神。
2. 一支针连着两条命：一条是患者的生命，一条是企业的生命。药品质量，重于泰山。

任务一　安瓿洗烘灌封联动机

133.玻璃安瓿的发展

134.曲颈易折安瓿的类型

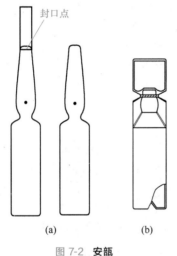

图 7-2　**安瓿**

水针剂的容器是安瓿，按 GB/T 2637—2016，安瓿有 1mL、2mL、5mL、10mL 及 20mL 五种规格，如图 7-2（a）所示，为曲颈色环易折玻璃安瓿。随着技术的发展，近几年新出现了聚丙烯塑料安瓿，形状如图 7-2（b）所示，生产设备一般用塑料安瓿制瓶灌装封口一体机。本项目介绍玻璃安瓿水针剂的生产设备。

安瓿洗烘灌封联动机是一种将安瓿洗涤、烘干灭菌以及药液灌封 3 个步骤联合起来的联动机，由安瓿超声波洗瓶机、安瓿干燥灭菌机、安瓿拉丝灌封机三部分组成，三台单机组成一体可联动生产，也可根据需要单机使用。是目前水针剂生产中广泛使用的联动机。

一、安瓿超声波洗瓶机

（一）概述

135.塑料安瓿简介

1. 安瓿的洗涤方法

安瓿的洗涤方法有冲淋式、气水喷射式、超声波洗涤法三种。

（1）冲淋式洗涤法：将安瓿经灌水机灌满滤净的纯化水，再用甩水机将水甩出，如此反复三次，最后灌满水用蒸煮箱蒸煮后，再甩干。冲淋式洗瓶机组由灌水机、甩水机、蒸煮箱三台设备组成。此设备简单，占地大、耗水量多，洗涤效果欠佳。

（2）气水喷射式洗涤法：将滤净的蒸馏水及压缩空气由针头喷入安瓿内，洗涤和吹干交替进行。此设备较复杂，洗涤效果好。此法可与超声波洗涤法联合使用，作为精洗。

（3）超声波洗涤法：将安瓿浸没在清洗液中，在超声波发生器的作用下，安瓿与液体接触的界面处于剧烈的超声振动状态时所产生的一种"空化"作用，将安瓿内外表面的污垢冲击剥落，从而达到安瓿清洗的目的。此法与气水喷射式洗涤法联合使用，作为粗洗，效率及效果均很理想，可洗任何形状的容器。超声波还可粉碎瓶内外附着的各种微生物、细菌，使其丧失生物活性，从而达到消毒灭菌作用。

136.塑料安瓿与玻璃安瓿的性能比较

137.安瓿冲淋式洗涤法所用设备简介

2. 洗瓶设备类型

目前生产中广泛使用的超声波洗瓶机，是超声波洗涤法（粗洗）与气水喷射式洗涤法（精洗）相结合的设备。有滚筒式和立式（转盘式）两种。超声波洗瓶机自动化程度高，生产效率高，洗涤效果好，可与安瓿烘干灭菌机、安瓿灌封机组成安瓿洗烘灌封联动机。

安瓿滚筒式超声波洗瓶机的型号按 JB 20002.2—2004 标注，如：ACQ 18/1～20 表示：一次清洗18支、适用 1～20mL 的安瓿规格的安瓿（A—水针剂机械）超声波清洗机（C—超声波；Q—清洗）。

安瓿立式超声波洗瓶机的型号按 JB/T 20002.2—2011 标注，如 AQCL 80/（1～2）型表示：有80个机械手夹头、适用1～2mL安瓿规格的安瓿（A）立式（L）超声波清洗机（QC）。

（二）安瓿滚筒式超声波洗瓶机

ACQ 型安瓿超声波洗瓶机即安瓿滚筒式超声波洗瓶机，由清洗部分、供水系统及压缩空气系统、动力装置三大部分组成，如图 7-3 所示。

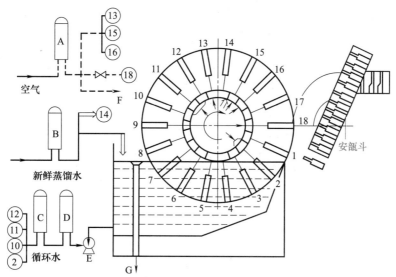

图 7-3　安瓿滚筒式超声波洗瓶机工作原理示意图

1—引瓶；2—注循环水；3～7—超声清洗；8,9—空位；10～12—循环水冲洗；13—吹气排水；14—注射水冲洗；15,16—压气吹净；17—空位；18—吹气退瓶；A—空气过滤器；B—注射用水过滤器；C,D—循环水过滤器；E—循环泵；F—吹除玻璃屑；G—溢流回收清洗部分由安瓿斗、超声波发生器、上下瞄准器、推瓶器、出瓶器、水箱、转盘等组成。鼓型转盘上沿轴向、径向辐射均匀分布18（排）×18（支）针头，由传动系统带动作间歇转动。与转盘相对的固定盘上、于不同工位上配置有不同的水、气管路接口，在转盘间歇转动时，各排针毂依次与循环水、新鲜注射用水、压缩空气等接口相通。供水系统及压缩空气系统由循环水、新鲜注射用水、水过滤器、压缩空气精过滤器与粗过滤器、控制阀、压力表、水泵等组成。

138.滚筒式安瓿超声波洗涤机原理

将安瓿排放在呈45°倾斜的安瓿斗中，安瓿斗下口与清洗机的主轴平行，并开有18个通道。利用通道口的机械栅门控制，每次放行18支安瓿到输送带的V形槽搁瓶板上。输送带间歇地将安瓿送到洗涤区，再由推瓶器推入工位1，套在工位1的针头上。针毂间歇转动，当转盘转到工位2时，由针头注入循环水。从工位2～工位7，安瓿进入水箱，共停留25秒左右接受超声波空化清洗，使污物振散、脱落或溶解。此时水温控制在50～60℃，这一阶段称为粗洗。当针毂间歇旋转至8、9工位时，安瓿被带出水面，将洗涤水倒出；针毂转到10、11、12工位时，安瓿倒置，针头对安瓿喷射滤净的循环水进行冲洗；到工位13时，针管喷出压缩空气将安瓿内污水吹净；在工位14时，针头向安瓿喷射新鲜注射用水进行最后冲洗；经工位15、16时，再次吹入压缩空气，吹净瓶内余水。至此安瓿洗涤干净，此阶段称为精洗。最后安瓿转到工位18时，针管再一次对安瓿送气并利用气压将安瓿从针管架上推离出来落到翻瓶器上，再由其将这一排安瓿从水平位置翻到垂直位置送入输送带，推出清洗机。

安瓿滚筒式超声波洗瓶机的水槽液位、水温及水和气的定时供应都可自动控制，可实现自动化生产。但在运转过程中喷针必须从未经过滤的水中通过，易造成直接污染；清洗瓶内壁的喷针为循环水、注射用水、压缩空气共用，因而有交叉污染的风险。

（三）安瓿立式超声波洗瓶机

AQCL80/（1～2）型安瓿立式超声波清洗机在结构设计上把超声波粗洗区和喷射气水精

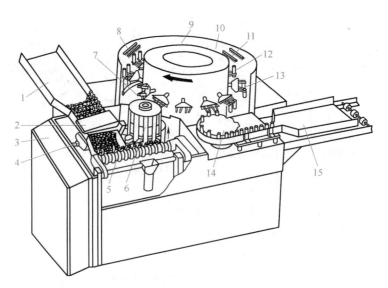

图 7-4　安瓿立式超声波洗瓶机结构示意图

1—进瓶斗（网带）；2—注水板；3—电气控制箱；4—超声波换能器；5—送瓶螺杆；6—提升轮；7—瓶子翻转工位；8,9,11—喷水工位；10,12,13—喷气工位；14—出瓶拨轮；15—出瓶斗

洗区完全分开，其结构原理如图 7-4 所示，主要由进瓶机构、超声波清洗装置、送瓶螺杆、提升机构、水气冲洗机构（大转盘）、出瓶机构、主传动系统、水气系统、电气控制系统、机身等部分组成。适用于安瓿瓶、西林瓶、直管玻璃瓶等不同瓶子的清洗，只需更换规格部件，就可满足多规格、多品种的生产。

1. 输瓶部分

输瓶部分结构如图 7-5 所示，包括进瓶机构、送瓶螺杆（绞龙）、提升轮、出瓶机构等。首先由人工将玻璃瓶放入可调速的进瓶输送网带上，网带与水平面成 30°夹角，瓶子随网带向前输送，经注水板对玻璃瓶喷淋加满循环水（循环水由机内泵提供压力，经过滤后循环使用）。注满水的玻璃瓶下滑到水槽底部进行超声波清洗后，再经水槽底部前端的送瓶螺杆将瓶分离，等距有序地传送至提升轮的 10 个夹瓶器中，夹瓶器由提升轮带动做匀速回转的同时，又受固定的圆柱凸轮控制作升降运动，提升轮运转一周，送瓶器完成接瓶—上升—交瓶（交到大转盘的机械手上）—下降的运动周期。瓶子在大转盘上完成清洗后被送至出瓶拨轮上，出瓶拨轮将瓶推至出瓶轨道出瓶，进入下一工序。出瓶处装有光电开关，起到记数的功能。

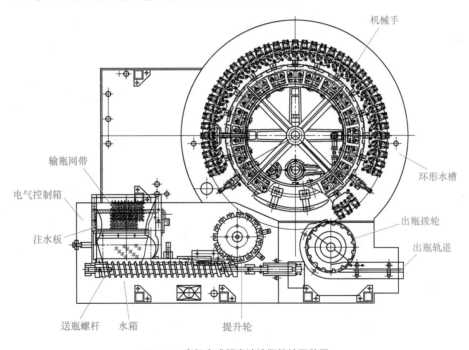

图 7-5 安瓿立式超声波洗瓶机输瓶装置

2. 超声波清洗装置

超声波清洗装置是由安装在床身的水槽、超声波换能器等结构组成。超声波换能器紧靠在料槽末端，也与水平面成 30°夹角，故可确保瓶子通畅地通过。当玻璃瓶浸入水槽后，经过超声波换能器上方，超声波的空化作用将瓶子内外壁上的污垢冲击剥落下来。瓶子经超声波段清洗约 30～60 秒，清洗槽中水的温度控制在 50～65℃，使超声波洗瓶机处于最佳的工作状态。

3. 水气冲洗机构

水气冲洗机构由主立轴、下水箱、反转凸轮及夹头、排水口、大转盘、冲洗摆动圆盘、喷针装置、传动立轴、轴承座等组成，对超声波清洗后的玻璃瓶进行冲洗、去除污垢并初步吹干。

大转盘周向均布 20 组机械手机架，每个机架上装有 4 个带有软性夹头的机械手夹子，大转盘带动机械手匀速旋转，夹子在与提升轮和出瓶拨盘交接的位置上由固定环上的凸轮控制开夹动作接送瓶子。机械手夹住提升轮送来的瓶子后由翻转凸轮控制翻转 180°倒出瓶内循环水，随后进入水气冲洗工位，由摆环上的喷针和喷管完成对瓶子两次循环水冲洗—吹气——一次注射水冲洗—两次吹气排水的内冲洗；由固定在机架上的喷头完成外冲洗。喷针和喷管安装在摆环上，摆环由摇摆凸轮和升降凸轮控制完成"上升—跟随大转盘转动—下降—快速返回"的运动循环。喷针上升插入瓶内时，从喷针顶端的小孔中喷出的激流冲洗瓶子内壁，与此同时瓶子随大转盘转至固定喷头下，固定喷头则喷水冲洗瓶外壁。洗净后的瓶子在机械手夹持下再经翻转凸轮作用翻转 180°使瓶口朝向上，夹瓶装置的摆杆沿固定块运动，夹头张开，并将瓶送至出瓶拨轮上。

不同规格的瓶子选用不同规格的喷针，喷针的直径由瓶子的直径决定，喷针的长度由瓶子的高度决定。注意：只有在喷针架处于最低位置并对准夹头中心才能进行更换，如图 7-6 所示。

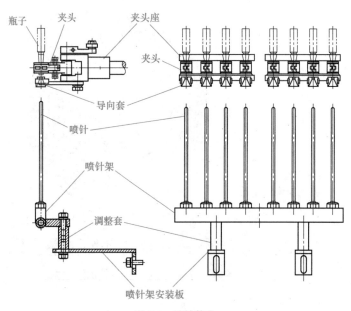

图 7-6　喷针装置

140.立式超声波
洗瓶机的传动
系统图

4. 主传动系统

主传动系统由主电机、减速器、传动轴、凸轮、链轮系组成，安装在床身内部，向机器提供动力和扭矩。

5. 水气系统

三水三气系统由过滤器、压力表、阀门、电磁换向阀、水泵、水箱、加热器、排水管及导管组成，向机器提供清洗、冲洗用的循环水、注射用水及吹干用压缩空气。机器上配备注射水、压缩空气、循环水三套过滤系统，注射水补充到水箱内作循环水使用，不断更新循环水，多余水由溢流口自行排出；水、气的压力可通过手动阀门进行调节，并有压力表显示其压力值。

6. 电气控制系统

电气操控系统由操作柜、驱动电路、调速电路、控制电路、超声波发生器、传感装置等组成，用以操作机器。水箱装有液位控制开关，避免机器在无水状态下工作；水气的供和停由行程开关和电磁阀控制，水温自动控制，温度恒定；循环水装有压力控制开关，以保证其在正常压力下工作；采用电磁阀合理控制水、气通断时间，节约水、气用量。在烘箱的入口处装有光电开关，当烘箱瓶多时洗瓶机先减速运行，当瓶满时洗瓶机停机，起到联机调控作用。

141.立式超声波
洗瓶机常见故
障与排除方法

工业案例

142.工业案例
解析

某药厂用 AQCL20/6 立式超声波清洗机洗安瓿瓶，发现瓶子洗不干净、达不到澄明度要求的现象。

想一想：这是为什么？应如何处理？

7. 机身

机身包括水槽、立柱、底座、护板及保护罩。为整机安装各种机构零、部件提供基础。通过底座下的调节螺杆可调整机器的水平和整机高度。

143.立式超声波
洗瓶机操作保
养清洁SOP

该机结构紧凑，占地面积小。采用了先进的 PLC 控制电路及先进的控制元件，实现了机电一体化。机器上所有与液体接触部件均采用不锈钢及无毒耐腐材料制造，全部工作区用透明的有机玻璃封闭，以防外界环境的污染，符合GMP 规范要求。即能单机使用又能与隧道烘箱或热风循环烘箱、拉丝封口机或灌装加塞机组成全自动生产线，并具有完善的联机调控功能。

144.滚筒式与立
式超声波洗瓶
机性能比较

查一查：生活中有没有超声波清洗技术的应用？
讨论：超声波清洗技术有没有危险？

二、安瓿灭菌干燥机

1. 概述

安瓿灌封前需要杀灭细菌和除热原，采用干热灭菌方式，所用设备是隧道式灭菌干燥机。隧道式灭菌干燥机按加热灭菌形式分为两种，一是热风循环型（即热空气平行流），二是远红外辐射型，都是整体隧道结构，分为预热段、高温段、冷却段三部分。远红外辐射型过去因其运行成本低而应用较多，但其温度分布不均匀、灭菌质量有波动，现已被热风循环型取代。

145.远红外辐射
型隧道式灭菌
干燥机简介

2. 热风循环型隧道式灭菌干燥机

热风循环型隧道式灭菌干燥机利用电加热作为热源，利用热风循环风机对烘箱加热段内的 A 级净化风进行对流循环而对所需灭菌物品进行热传递，并不断补充新鲜空气，同时排除箱内的湿气，从而达到对瓶子类的物品进行干燥灭菌的目的。安瓿灭菌干燥机的型号按 JB/T 20002.1—2011 标注，如 ASM 600/32 表示：网带宽度 600mm、加热功率 32kW 的安瓿（A—水针剂机械）隧道式灭菌干燥

146.远红外线灭
菌干燥机

147.隧道式灭菌干燥机的标准操作、维护保养SOP

（SM）设备。

图 7-7 所示为 ASM 型隧道式安瓿灭菌干燥机的结构示意图，前端与安瓿超声波相连，后端与安瓿灌封机相连，主要有输瓶网带、电加热装置、进排风系统、初效空气过滤器、高效空气过滤器、控制系统、机械传动装置及不锈钢箱体、隔热层组成。从进口到出口全长四米左右，分为预热段、灭菌干燥段、冷却段三段。密集直立的安瓿被输瓶网带以同步速度缓缓通过整个箱体，完成对安瓿的预热、灭菌干燥和冷却。输瓶网带材料一般采用 316L 不锈钢丝制作，在出瓶口末端设置由变频电机带动的拖动鼓轮，使网带连续转动；烘箱内腔设置网带导轨，支承网带使其保持水平状态，确保运行时不跑偏；设置拉紧装置，将网带平整拉紧，不产生松边，可有效避免倒瓶。

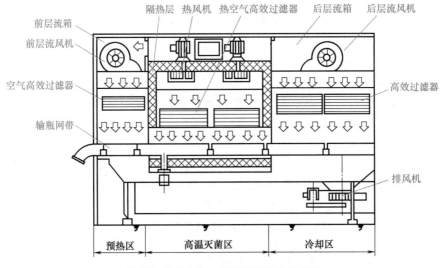

图 7-7　隧道式热风循环灭菌干燥机示意图

（1）预热段　主要由预热初效过滤器、预热层流框、前层流风机、风罩、压紧密封装置、预热高效过滤器、接近感应开关、信号板等组成。

工作时，空气由层流箱体上腔的预热层流风机吸入，经过粗效过滤器压入层流箱体下腔，经过风罩、预热段高效空气过滤器送入容器，然后由机器底部抽风机抽走，对容器进行层流风保护。预热段内的风压比洗瓶间压力高，保证了外界空气不能进入隧道，从而保持了容器的洁净度。

预热段的热量主要来自高温段向预热段溢出的热风，使安瓿由室温升至 100℃ 左右，避免温度骤升引起爆瓶，大部分水分在这里蒸发。预热段和高温段有一定的压力差，既可以保证热空气只能由高温干燥灭菌段适量流向预热段，又可以保证预热段的空气不能进入高温段。

（2）高温干燥灭菌段　主要由加热层流风机、不锈钢电加热管、高温高效过滤器和初级过滤器等组成。工作时，少量空气由初级过滤器进入烘箱内，经电加热管加热后，被加热层流风机吸入，再经高温高效过滤器过滤后进入隧道内，对瓶子进行干燥和灭菌。箱内的湿热空气由排风系统排至室外（排风量可调），排风系统一般设有止回阀，防止倒灌。

高温干燥灭菌区设保温层，保温层采用无碱玻璃石棉，电加热管均匀布置在箱体的隔热层内，箱内温度达 300～450℃，细菌及热源被杀灭，该段设有温度监控点，灭菌温度由电子调温器设定，可显示及自动记录温控状况。

（3）冷却段　主要由冷却层流箱体、冷却层流风机、接近感应开关、粗效过滤器、风罩、高效过滤器、风罩压紧装置等组成。采用热交换原理，通过冷却层流风机吸入室内空气，经粗效过滤器、高效过滤器过滤后，对瓶子进行冷却至不高于室温，以便下道工序进行灌装封口。

GMP 要求，预热段、灭菌段、冷却段三区采用 A 级垂直层流净化控制，设微压差计及压差自动控制系统，能自动报警或停机；设置气溶胶（PAO）实验标准检测口和 FH 值检测口，要求 FH 值≥1365min，且自动连续记录。

148.隧道式灭菌干燥机的常见故障及排除方法

隧道式热风循环灭菌干燥机的特点是：温升快，温度分布均匀，对温度和风压等参数都设有自动监控，容易控制温度和热风压差，整箱长度较远红外辐射型短。不足之处是需采用高质量的过滤器，运行成本较高，对瓶壁均匀性有一定要求。

工业案例

某药厂用 KSZ620/60 型隧道式灭菌干燥机对安瓿瓶干燥灭菌时出现容器澄明度不高现象。

想一想：这是为什么？应如何处理？

为了保证灭菌干燥机与跟它前后相衔接的洗瓶机、灌封机三机联动工作，设置了网带伺服机构，通过接近开关与满缺瓶控制板等相互作用来执行。当烘干灭菌机网带入口处安瓿疏松时，接近开关能立即发出信号，令烘箱电机停转，网带停止运行；当安瓿密集拥挤时，接近开关发出信号，网带运行，将安瓿送走，两机速度匹配达到正常运行状态。当灌封机入口处安瓿发生堵塞时，接近开关立即发出信号，令洗瓶机停机，避免产生轧瓶故障（此时网带则照常运行）。一般，网带的速度应大于洗瓶和灌封两机的生产能力以确保伺服特性的体现。

三、安瓿灌封机

（一）概述

将滤净的药液定量地灌入经过清洗、灭菌干燥的安瓿内并加以封口的过程称为灌封，是水针剂生产的关键工序。完成安瓿灌装和封口工序的机器称为安瓿灌封机，可单机使用，也可根据需要联动生产使用。安瓿灌封机按封口方式不同分为熔封式和拉丝熔封式，按送瓶方式不同分为倾斜齿板式和直立式。由于熔封式在封口处容易产生毛细孔隐患，目前已被拉丝灌封机取代；倾斜齿板式一般用于小型灌封机，直立式一般用于联动机。

安瓿灌封机的型号按 JB/T 20002.4—2011 标注，如：AGF8/（1～20）型表示有 8 个灌装头、适用于 1～20mL 的安瓿（A—水针剂机械）灌（G—灌装）封（F—封口）机。

150.安瓿灌封机

（二）安瓿灌封机的构造和使用

AGF2/（1～2）型安瓿拉丝灌封机是有 2 个灌装头、适用于 1～2mL 的小型实验室用安瓿灌封机，其主要由输瓶部分、灌注部分、封口部分、传动部分、电气控制系

149.工业案例解析

统、辅助系统等部分组成。如图 7-8 所示。

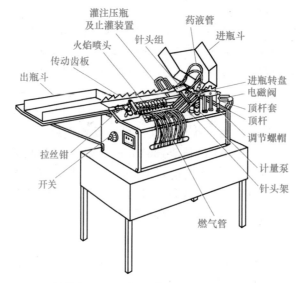

图 7-8 AGF2/（1~2）型安瓿拉丝灌封机

1. 安瓿的输送

将处理好的安瓿加入 45°倾角的进瓶斗内，进瓶转盘连续旋转，当其两个凹槽朝上时接瓶，再转 120°时将 2 支安瓿送到两块固定齿板的调节齿上，将连续下落的两支安瓿分开，如图 7-9 所示。随后，由偏心轴带动两块移动齿板上移至与固定齿板平齐时，托起安瓿向后移动两个齿距，当移动齿板再下移到与固定齿板平齐时，将安瓿倾斜 45°口朝上放到固定齿板上，偏心轴转一周搬运一次。移动齿板间歇地把安瓿移动到灌注和封口处，完成灌注和封口工作后，由于移动齿板推动的惯性及安装在出瓶斗前的一块有一定角度斜置的舌板的作用，使安瓿转动并呈竖立状态进入出瓶斗。

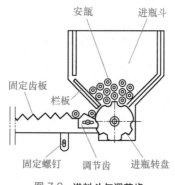

图 7-9 进料斗与调节齿

传动齿板有固定齿板和移动齿板各两块，与安瓿的相对位置如图 7-10 所示。移动齿板搬运安瓿，固定齿板主要是对安瓿起定位和支承作用。移动齿板的运动机构是一个平行四边形机构，如图 7-11 所示。在该机构中，移动齿板是连杆，两偏心轴是两个等长的曲柄。该机构采用了两个相同转速和转向的主动件（曲柄）。两曲柄作等速连续转动时，连杆作平移运动。

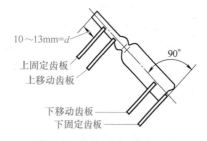

图 7-10 传动齿板的相对位置

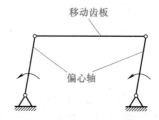

图 7-11 移动齿板运动机构示意图

当安瓿规格更换时，须对调节齿、固定齿板进行调节：与下固定齿板垂直、与两固定齿板均刚好接触，安瓿颈部露出上固定齿板10～13mm。通过调节移动齿板B的位置，保证搬运安瓿时B、C两移动齿板同时接触安瓿，同时保证两移动齿板同时接触搬运安瓿。

2. 安瓿的灌注

安瓿到了灌注处，由固定齿板支承和定位，压瓶机构压瓶，药液计量装置定量供药，若有瓶、针头组下移进针后，药、气、氮开关阀打开，即可进行充氮气、灌药。若灌注针头处缺瓶，自动止灌装置启动，即可停止灌药。移动齿板再次搬运安瓿之前，应停止供药供气，针头组完成上移退针动作。偏心轴转一周，灌注一次。如图7-12所示。

（1）针头组件　包括针头座、针头架、针头及调节片等零件，完成充氮气、灌药液任务。针头灌注的先后顺序是：前充氮→灌注药液→后充氮，根据实际需要选择。要保证泵打出来的药液及时灌注到安瓿内，即要求针头进出安瓿的时机要恰当，且与安瓿的相对位置要准确，不偏、不斜、不摩擦瓶口，并将针尖伸到喇叭口处。

（2）药液计量装置　其作用是按工艺要求使玻璃泵（针筒）定量地吸药和灌药。如图7-12所示，凸轮（1）在连续转动过程中，通过扇形板带动顶杆上、下往复移动，再通过顶杆套带动摆动板上下摆动，最后使针筒芯在针筒内上下往复移动。针筒的上、下端各装有一个单向玻璃阀。当针筒芯在针筒内向上移动时，泵内下部产生相对真空，下单向阀打开，药液由贮液罐被吸入针筒下部；当针筒芯向下移动时，下单向阀关闭，针筒下部的药液通过底部的小孔进入针筒上部。当筒芯再上移时，上单向阀受压而自动打开，药液通过导管及伸入安瓿内的针头而注入安瓿内，与此同时，针筒下部因筒芯上提而造成真空再次吸取药液。如此循环工作，完成安瓿的灌装。

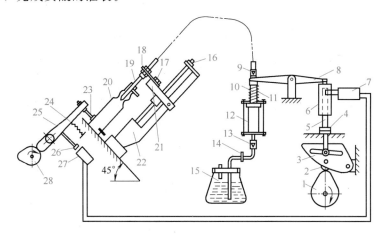

图 7-12　安瓿灌封机的灌装机构示意图

1,28—凸轮；2—压轮；3—扇形板；4—调节螺母；5—顶杆；6—顶杆套；7—电磁阀；8—摆动板；
9,13—单向阀；10—针筒芯；11—压簧；12—针筒；14—螺丝夹；15—贮液罐；16—调节螺母；
17—螺钉；18—调节片；19—针头；20—安瓿；21—针座；22—针座架；23—压瓶栓；
24—拉簧；25—摆杆；26—触头；27—行程开关

安瓿换规格时，装量需要进行调节。装量的调节方法如下。

a. 改变扇形板与顶杆的铰接位置：铰接位置向左移时，装量增加；反之，减少。此法装量改变较大。

b. 改变调节螺母的上下位置：调节螺母沿顶杆上移时，装量增加；反之，减少。此法装量改变较小。

（3）自动止灌装置　其作用是使机器在生产过程中遇到缺瓶的情况时能自动停止灌药，避免污损机器，防止浪费。其结构如图7-12所示，由灌注处的压瓶机构［凸轮（28）、摆杆、触头②、压瓶栓、拉簧、行程开关（压板）、电磁阀（顶杆栓）］组成。当灌药针头处有瓶时，拉簧向下拉动摆杆下移，直到压瓶栓压到安瓿为止，此时由于触头与微型开关之间保留一定间隙，故线圈电源是断开的，顶杆栓受电磁阀内的弹簧力作用向右伸出，将顶杆与顶杆套拴住，使两者一起上下移动，使泵正常工作。当灌药针头处缺瓶时，拉簧将摆杆下拉，直至摆动板触头与行程开关相接触，线路闭合，致使电磁阀线圈通电，产生磁性，将顶杆栓吸向左移，使顶杆与顶杆套松开，顶杆下移时顶杆套不动，连板不摆，针筒芯不移，停止灌药。

为了保证止灌装置的灵敏度，摆杆触头与行程开关之间应有1.5～2cm的间隙。换规格时，需通过调节压瓶栓的伸缩长度来保持此间隙不变。当安瓿由1mL换成2mL时，压瓶栓应缩短；反之，应伸长。

3. 安瓿的封口

本系列灌封机所使用的燃气为煤气、天然气或氢气，助燃气是氧气。使用时对气体进行压力控制。燃气气压一般控制在0.5～1kPa，氧气压力控制在0.5～1kPa，在封口时根据实际情况调节燃气和助燃气的比例。

该机共有4个喷枪，偏心轴回转一周，同时加热4只安瓿，第1～2支喷枪为预热，第3～4支喷枪为拉丝加热。每组安瓿被拉丝封口前，经过预热的丝颈的温度接近700～750℃左右，再经过拉丝加热，此区域温度达到玻璃的软化点1500℃以上，处于赤熔状态。

安瓿到了封口处，在固定位置由转瓶机构带着不停地旋转，使瓶颈周边受热均匀。同时，在安瓿上面有压瓶滚轮机构压住，使安瓿不会飘移。安瓿的丝颈由火焰装置加热，当丝颈加热到赤熔状态时，拉丝钳装置张开，钳口下移至最低点，夹住丝颈上移拉丝，拉断达到赤熔状态的丝头，到达最高点后钳口开，闭两次，甩掉拉断的丝头，移动齿板再次搬运安瓿之前，完成封口动作。封口处的各工作部件应与灌注动作同步。如图7-13所示。

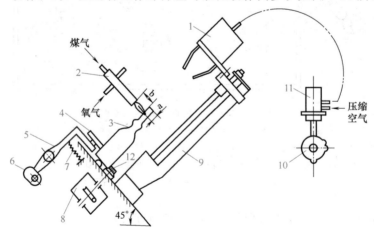

图7-13　火焰装置与气动拉丝封口机构示意图

1—拉丝钳；2—喷嘴；3—安瓿；4—压瓶滚轮；5—摆杆；6—压轮凸轮；7—拉簧；8—蜗轮减速箱；
9—钳座架；10—凸轮；11—气阀；12—转瓶轮

（1）火焰装置　拉丝封口是否光滑严密，与火焰大小、位置高低及安瓿转动是否均匀有关，因此需调整以下几方面。

a. 火焰火头调节。燃气开关接在面板上，先开燃气开关，点火后再开氧气开关（注意：切不可先开氧气开关，熄火时也应先关燃气总开关，以确保安全）。调节燃气和氧气的调节阀控制流量及比例，使其充分燃烧，产生蓝白色火焰。绿色或红色火焰表示燃烧不充分，火焰温度低。

b. 火焰位置的调节。如图 7-13 所示，燃气喷枪架接装在固定柱上，可上下前后调节和固定。应调节喷枪火焰与安瓿的中心线垂直，与主面板的夹角为 45°，与丝颈顶端距离 a＝4～6mm，喷枪与安瓿轴线的垂直距离 b＝7～12mm。可以通过喷枪座及定位柱上长槽上的调节螺钉，对喷枪进行前后、上下调节。

（2）拉丝钳装置　其作用是将移动齿板运送来的已灌注的安瓿，经过预热后通过拉丝钳的上升、下降及钳口的开闭动作，完成拉丝封口工作。为保证拉丝封口质量，拉丝钳的上下位置、钳子动作时间必须调节适当。

拉丝钳的升降运动、钳口的开闭动作应与喷枪同步。当拉丝钳下移到最低点位置时，拉丝钳迅速关闭，将熔化的丝颈瓶夹住，迅速上升到一定高度停止，形成拉丝过程。偏心轴转一周，钳口开闭两次，完成一次动作周期。

四、联动机

（一）概述

152.安瓿洗烘灌封联动线

安瓿洗烘灌封联动机是将安瓿洗涤、烘干灭菌以及药液灌封 3 个步骤联合起来的生产线，全机采用串联式安瓿瓶进出料，生产全过程是在密闭或层流条件下工作，实现了水针剂生产过程的密闭、连续以及关键工位的 A 级平行流保护，减少了半成品的周转，避免了交叉污染，将药物污染降低到最小限度。安瓿洗烘灌封联动机的型号按 JB/T 20002.1—2011 标注，如 ALX(1～20) 表示：适用于安瓿规格为 1～20mL 的水针剂（A）联动线（LX）。

联动机由安瓿超声波洗瓶机、安瓿干燥灭菌机、安瓿拉丝灌封机三部分组成，三台单机组成一体，可联动生产，也可根据需要单机使用。整机采用先进的自动化系统集成技术，实现了机、电、仪、气一体化，使整个生产过程达到自动平衡、监控保护、自动控温、自动记录、自动报警和故障显示，减轻了劳动强度，减少了操作人员数量。

（二）安瓿洗烘灌封联动线

1. 安瓿洗烘灌封联动线的工作流程

图 7-14 所示是 ALX 系列高速安瓿洗烘灌封联动线，一般由 AQCL 系列立式超声波清洗机、ASM 系列隧道式灭菌干燥机、AGF 系列安瓿灌封机三台单机及控制部分组成，分为清洗、干燥灭菌、灌装封口三个工作区。每台设备可单机使用，也可联动生产，联动生产时可完成安瓿上瓶—网带输瓶—安瓿淋水—超声波清洗—绞龙进瓶—提升轮升瓶—机械手夹瓶—翻转瓶—瓶外壁喷淋—第一次冲循环水—第二次冲循环水—第一次吹压缩空气—第一次冲注射用水—第二次冲压缩空气—第三次吹压缩空气—瓶外壁吹压缩空气—机械手翻转瓶—同步带或拨轮

153.安瓿灌封机的标准操作、维保、清洁SOP

出瓶—预热—高温烘干灭菌—冷却—网带输瓶—绞龙分离进瓶—前充氮—灌装药液—后充氮—预热—拉丝封口—计数—出成品等工序。立式超声波清洗机、隧道式灭菌干燥机详见前述，用于联动线的安瓿灌封机一般是直立式输瓶。

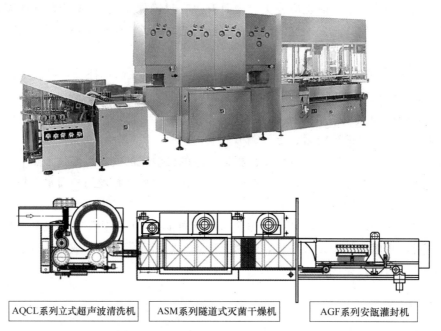

| AQCL系列立式超声波清洗机 | ASM系列隧道式灭菌干燥机 | AGF系列安瓿灌封机 |

图 7-14   **ALX 型安瓿洗烘灌封联动机示意图**

2. 直立输瓶安瓿灌封机

其结构由输瓶部件、药液灌装及其前后充氮部件、加热拉丝部件、转瓶部件、电气控制系统、机械传动系统等部分组成。

（1）输瓶部分   包括输瓶网带、输瓶绞龙、行走梁间歇送瓶部件、靠瓶机构、出瓶部件等，如图 7-15 所示。

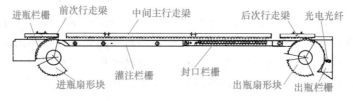

图 7-15   **行走梁输瓶装置示意图**

输瓶网带将干燥灭菌机送来的瓶子送至进瓶绞龙，等距输送至进瓶拨块。进瓶拨块为两个扇形块形式，且其圆弧边缘均匀布置有半圆形缺口，扇形块由一个独立的伺服电机驱动与绞龙及前次行走梁同步运行，将瓶子送入前次行走梁内。

直线式间歇送瓶行走梁主要由前次行走梁、中间主行走梁、后次行走梁组成，每组行走梁都由一个圆柱凸轮和摆杆驱动。前次行走梁接收进瓶扇形块送过来的安瓿瓶，再送至中间主行走梁的容瓶槽内。主行走梁每一个往返行程将安瓿瓶依次送到前充氮工位、灌装工位、后充氮工位、封口预热工位、拉丝封口工位，最后送到后次行走梁的容瓶槽，再由后次行走梁将安瓿瓶送到出瓶扇形块的容瓶凹槽，导入出瓶盘内。

（2）药液灌装与充氮　药液灌装一般采用活塞泵定量灌装。灌针和充气针安装在针固定板上，由主传动系统的盘形凸轮驱动，做垂直升降运动，与灌注泵连接的灌针和与充气系统相连的充气针适时插入安瓿内分别灌注药液与充氮气。针固定板的高度可以根据不同规格安瓿进行调整，同时灌针和充气针亦可单独调整高度及前后左右位置。如图 7-16 所示。

当行走梁将安瓿瓶送至充气或灌装工位时，由上下靠板、瓶口靠板和前靠瓶杆将安瓿瓶压紧在灌注栏栅上固定，可以防止灌针插偏瓶口和瓶移位。靠瓶杆与瓶口靠板的高度均可根据不同规格瓶子进行调节。如图 7-17 所示。

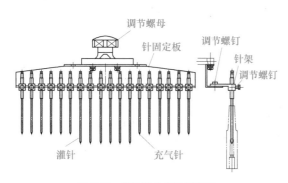

图 7-16　**灌注针头组件示意图**

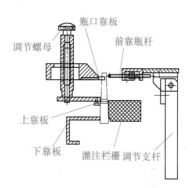

图 7-17　**定位装置示意图**

（3）火焰装置　火嘴与装火嘴的板统称火焰装置，火焰装置有预热和拉丝两个工位，所有火嘴安装在一块板上，每个火嘴都对应一支安瓿。火焰装置由主传动系统中的盘凸轮驱动作升降运动，当火焰装置下降到最低点时，预热工位对安瓿加热，封口工位对安瓿进一步加热并进行拉丝封口，当火焰装置上升到最高点时，火嘴离开安瓿，停止加热。转瓶机构由橡胶滚轮和驱动机构组成，在加热位置处带动安瓿旋转使瓶颈受热均匀。可以调整火焰装置的高度和前后左右位置以适应不同规格安瓿的生产，如图 7-18 所示。

燃气管路分成两支，燃气与氧气经混气阀按要求混合后，一支流向预热工位的火嘴，一支流向拉丝工位的火嘴。为了避免环境温度升高，还设置了由吸风罩、抽风机和风管组成的排气系统，可将热熔封口区域的热空气抽走，排出室外。

（4）拉丝机构　由多对拉丝钳组成，由支架带动做升降运动，如图 7-19 所示。每对拉丝钳由前后拉丝钳片组成，两钳片分别由拉丝钳座固定于转轴上，转轴可自转亦可以绕中心

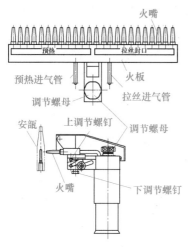

图 7-18　**火焰装置示意图**

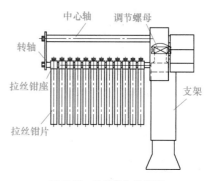

图 7-19　**拉丝机构示意图**

轴公转。当转轴自转时拉丝钳开闭,夹断瓶颈;当绕中心轴公转时拉丝钳前后摆动,扔掉玻璃渣。转轴的自转与公转配合固定支架的升降运动,即可完成对安瓿瓶拉丝封口的系列动作。

(5)检测系统　GMP要求灌封机要进行悬浮粒子和微生物监控及风速监控。进瓶区设置悬浮粒子采样点,灌装区设置悬浮粒子、浮游菌、沉降菌采样点,每个点都配有一个计数器与PLC控制器相通,超标则报警。灌装区设置在线风速检测仪监测风速,合格范围是0.36~0.54m/s,低于0.36m/s则报警。

五、安瓿灌注和封口过程中的常见问题

1. 灌注常见问题

(1)冲液　是指在灌注药液过程中,药液从安瓿内冲溅到瓶颈上方或冲出瓶外,造成容量不准以及封口焦头和封口不良、瓶口破裂等疵病。

解决冲液的措施主要有:①将注液针头出口端制成三角形开口,中间制成拼拢的所谓梅花形"针端";②调节注液针头进入安瓿的位置使其恰到好处;③改进药液计量装置控制凸轮的轮廓设计,使针头出液先急后缓,减缓冲液。

(2)束液不良　是指在灌注药液结束时,因灌注系统"束液"不好,针尖上留有剩余的液滴,在针头上移退针时易滴落污染瓶颈。

解决束液不良的措施主要有:①改进针座移动控制凸轮的轮廓设计,使针头在注液结束时返回速度加快;②设计使用有毛细孔的单向玻璃阀,使玻璃泵在注液结束后对针头内的药液有倒吸作用;③在贮液瓶和玻璃泵连接的导管上夹一只螺丝夹,靠乳胶导管的弹性作用控制束液。

2. 封口火焰温度与距离的控制

生产中,因封口而影响产品质量的问题较复杂,如火焰温度过高或过低、火焰头部与安瓿瓶颈的距离大小、安瓿转动的均匀程度以及操作的熟练与否都对封口质量有影响。其中有一些属设备问题,有一些则属于不规范操作所致。常见的封口问题如下。

(1)焦头　产生焦头的主要原因是:灌注太猛,药液溅到安瓿内壁;针头回药慢,针尖挂有液滴且针头不正,针头碰安瓿内壁;玻璃泵与针头组的动作未配合好;针头升降失灵;火焰进入安瓿瓶内等。解决焦头的主要措施:调换玻璃泵或针头;调节针头组与安瓿的相对位置及进退针时机,检查、修理针头升降机构;强化操作规范。

(2)泡头　产生泡头的主要原因是:火焰太大而使药液挥发;火头摆动角度不当;封口时安瓿未压好,使瓶子上爬;钳子太低造成夹去玻璃太多。解决泡头的主要措施:调小火焰;钳子调高;适当调低火头位置并调整火头摆角。

(3)平头　产生平头(亦称瘪头)的主要原因是:瓶口有药迹,拉丝后因瓶口液体挥发,压力减小,外界压力大而瓶口倒吸形成平头。解决平头的主要措施:调节针头位置和大小,不使药液外冲;调节火焰跳摆时机,不使已封好瓶口重熔。

(4)尖头　产生尖头的主要原因是:火焰太大,使拉丝时丝头过长;火焰喷嘴离瓶颈过远或燃气与助燃气比例不当,使加热温度低于玻璃软化点。解决尖头的主要措施:调好燃气与助燃气比例;调节火焰形状、大小和温度,调节喷枪与安瓿的相对位置。

📖 工业案例

某药厂用 ALX 系列高速安瓿洗烘灌封联动线生产水针剂时，发现灌针滴漏现象。

想一想：这是为什么？应如何处理？

154.安瓿灌封机常见故障及排除方法

查一查：中药水针剂都有什么种类？
讨论：你认为中药应不应该发展注射剂？

155.工业案例解析

任务二 安瓿灭菌柜

采用灭菌工艺生产的水针剂需要在灌封后尽快灭菌，一般要求从配液到灭菌须在 12 小时内完成。灭菌后还需要进行检漏，避免安瓿封口不严而存在微小裂缝或毛细孔。工业上用标准灭菌时间 F_0 值作为热压灭菌可靠性的比较参数，F_0 值系灭菌过程赋予一个产品 121℃下的等效灭菌时间。这样在灭菌过程中，只要记录被灭菌物品的温度与时间，就可以通过公式算出 F_0 值。当 F_0 值≥12min，即可确认达到可靠的灭菌效果。

一、概述

水针剂生产一般采用灭菌和检漏两用的灭菌设备，将灭菌与检漏结合进行。灭菌后待温度稍降，抽气至真空度 85.3～90.6kPa，将漏气安瓿中的空气抽出，再通入有色液体和压缩空气，压缩空气将有色液体压入漏气安瓿内

156.F_0值简介

使药液变色而被检出。安瓿灭菌柜的型号按 JB/T 20001—2011 标注，如 MSZD10 型表示：每次灭菌柜容积为 10m³ 的水浴式（S—水浴式；Q—蒸汽式）、真空检漏（Z—真空检漏；没有则不标注）、动态式（D—动态式；静态式不标注）灭菌机；一般目前安瓿灭菌检漏设备常用的有安瓿蒸汽灭菌柜、安瓿水浴式灭菌柜、安瓿回转式水浴灭菌柜等，都属于湿热灭菌设备。

二、常用灭菌柜

1. 安瓿蒸汽灭菌柜

安瓿蒸汽灭菌柜属高压蒸汽灭菌器，其工作原理是采用饱和蒸汽对安瓿进行加热灭菌，然后用真空、色水正压等方法进行检漏，检漏结束后用清洗水对安瓿进行清洗。其结构主要包括柜体、管路系统、送料系统和电器系统等，如图 7-20 所示。

工业用压力蒸汽灭菌柜常为卧式双层结构，外层夹套为普通钢制结构，内层灭菌室为压力容器，为 304 不锈钢，柜门用高温密封圈密封，筒体上装有安全阀，确保设备超压泄放、使用安全。管路系统包括进色水管路、进蒸汽管路、进清洗水管路、抽真空管路、排汽水管路、安全系统（安全阀）及回色水管路等。送料系统由外车和不锈钢内车组成。

（1）高温灭菌 将待灭菌安瓿放在安瓿盘内，装到消毒车上，使小车轨道与灭菌箱轨道对齐，将消毒车推入箱内再移走小车，关上箱门并确认锁紧，缓缓打开蒸汽管阀门向箱体内

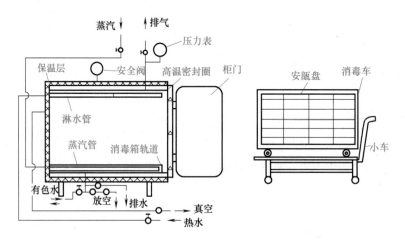

图 7-20　安瓿蒸汽灭菌柜示意图

送蒸汽，当压力表数值达到灭菌压力、温度达到灭菌温度时开始计时，到达灭菌时间后，先关蒸汽阀，再开排气阀排出箱内蒸汽，完成灭菌。

（2）检漏　灭菌降温后，通入真空，打开进水阀门，向箱体内灌注色水进行检漏。如果安瓿存在封口不严、毛细孔、冷爆等情况，真空就会将瓶内空气抽走，瓶内压力降低，有色水就能进入安瓿内，使药液变色，从而在下道灯检工序将不合格的安瓿分辨检出。

（3）冲洗色剂　安瓿检漏后表面可能沾有色渍，需要在检漏后再打开淋水管用干净的纯化水对安瓿进行冲洗除渍，再用外车将内车拉出。

压力蒸汽灭菌柜结构简单，操作维护容易，适用于安瓿的灭菌、检漏、清洗。

2. 安瓿水浴灭菌柜

157.安瓿水浴灭菌器的操作、维保、清洁 SOP

安瓿水浴式灭菌柜的工作原理是利用工业蒸汽通过柜体外的板式换热器将灭菌用循环水加热，再通过循环泵将高温过热循环水经灭菌室内安装的喷淋装置均匀喷淋到产品上，保持一定温度、一定时间的循环喷淋，完成对产品的灭菌。其主要结构由灭菌器主体、循环水系统、压缩空气、蒸汽加热系统、电气系统、安全及报警系统、色水罐、清洗水罐等几大部分组成，如图 7-21 所示。筒体有方形和圆形腔体两种，是压力容器，内壁选用优质 316 不锈钢，加保温层，外壁可用普通不锈钢。有进、出两个电动料门，采用气动密封，双门采用安全联锁，保证灭菌室内有压力和操作未结束时，前后门不能同时被打开。

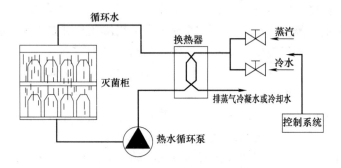

图 7-21　安瓿水浴式灭菌柜示意图

水浴式灭菌过程分为注水阶段、升温阶段、灭菌阶段、降温泄压阶段、真空检漏阶段、清洗阶段。具体操作过程：装瓶入柜→电动关门→气密封→启动注水泵→将纯化水注入柜内一定液位→升温→蒸汽阀打开→热水循环泵打开→通过热交换器将纯化水加热至灭菌温度→保温灭菌→F_0值监控达标→蒸汽阀关闭→降温→冷水阀打开→通过热交换器将纯化水冷却至出瓶温度→冷水阀关闭→循环泵停止运行→排水阀打开→高排气动阀打开→使柜内压力降至常压→循环水排净→抽真空→进色水位达到上水位→开启进压缩空气阀至$P \geqslant 80kPa$→正压检漏→排色水→开启相应阀门对柜内半成品进行两次清洗排水→停止气密封→电动开门→灭菌产品出柜→完成灭菌、检漏。

158.安瓿水浴灭菌器常见故障及排除方法

水浴式灭菌柜采用纯化水循环喷淋灭菌，热分布均匀，F_0值在线监控，自动化程度高，适用于安瓿、西林瓶、口服液、小输液等制剂的灭菌、检漏及清洗处理。

3. 安瓿回转式水浴灭菌柜

回转式水浴灭菌柜就是在静态水浴灭菌器的基础上，令内筒旋转，并从顶、侧面同时喷淋循环水，使灭菌柜内形成了强力扰动的均匀温度场，使药液传热快，灭菌温度均匀，提高了灭菌质量。

其主要结构包括柜体、旋转内筒、减速传动机构、热水循环泵、热交换器和控制系统等。工作原理如图7-22所示，以纯化水为循环水，通过换热器对循环水进行加热，循环水从上面和两侧通过水喷淋对药液瓶加热升温和灭菌，药液瓶随柜内的旋转内筒转动而使药液被强力扰动翻滚。回转式水浴灭菌柜传热快、温度分布均匀无死角，提高了灭菌质量，可以有效避免药物分层。

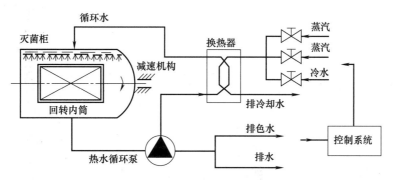

图 7-22　安瓿回转式水浴灭菌柜示意图

具体操作过程：装瓶入柜，锁紧灭菌小车→电动关门→气密封→启动供水泵→将纯化水注入柜内一定液位→升温→传动装置工作→内筒旋转→蒸汽阀打开→热水循环泵打开→通过热交换器将纯化水加热至灭菌温度→保温灭菌→F_0值监控达标→蒸汽阀关闭→降温→冷水阀打开→通过热交换器将纯化水冷却至出瓶温度→冷水阀关闭→循环泵停止运行→旋转内筒准停在出瓶位置→循环水排水阀打开→高排气动阀打开→使柜内压力降至常压→循环水排净→抽真空→进色水位达到上水位→开启进压缩空气阀至$P \geqslant 80kPa$→正压检漏→排色水→开启相应阀门对柜内半成品进行两次清洗→停止气密封→电动开门→灭菌产品出柜→完成灭菌、检漏。

回转式水浴灭菌器的应用范围广，耐高温的产品均可应用，特别适用于脂肪乳或其他混悬剂的灭菌。

159.工业案例解析

某药厂用安瓿水浴灭菌器对安瓿进行灭菌捡漏操作时，发现前门关不上。想一想：这是为什么？应如何处理？

任务三 安瓿灯检机

一、概述

160.人工灯检存在的问题

安瓿异物检查又称澄明度检查，是保证水针剂质量的关键工序。注射剂生产过程中难免会带入一些异物，如未滤去的不溶物、容器或滤器的剥落物、空气中的尘埃等，国家药典要求、产品出厂前应采用适宜的方法逐一检查并同时剔除不合格产品。因此安瓿水针生产厂家在水针产品出厂前需对产品全数检查澄明度（即可见异物检查），以确保产品合格出厂，保证患者的身体健康及生命安全。同时，密封不严的安瓿在检漏过程中会进入检漏液而变浑浊，也需要通过外观质检剔除。过去靠人工灯检，现在多采用安瓿光电自动检测仪和人工抽检相结合的方法。

161.安瓿光电自动检测仪特点

人工目测检查主要依靠待测安瓿被振摇后药液中微粒的运动，从而达到检测目的。检测时将待测安瓿置于检查灯下，距光源约 200 毫米处轻轻转动安瓿，目测药液是否澄清透明、有无异物微粒。检查时一般采用 40W 青光的日光灯作为光源，并用挡板遮挡避免光线直射入眼内，背景为黑色或白色，使其有明显的对比度，要求灯检人员矫正视力不低于 5.0。

二、常用安瓿灯检机

安瓿灯检机又称安瓿光电自动检测仪，其型号按 JB 20006—2004 标注，如 ADJ（1～20）/200 型表示：安瓿规格为 1～20mL、每分钟检测 200 支的安瓿注射液（A—水针剂设备）灯检机（DJ）。

安瓿灯检机是新兴设备，技改更新较快。一般结构如图 7-23 所示，包括机架、进瓶装置、设在机架上的检测转盘、与转动盘对应的压瓶旋转装置、制动装置、光源检测装置、剔瓶装置、出瓶装置和伺服系统。

162.安瓿光电自动检测仪

待检安瓿放入输瓶盘，由进瓶拨轮分组间歇送入检测转盘相应支撑体上后，相应的压头经过顶部凸轮把被检测安瓿压住，使压头、被检测安瓿和支撑体成一直线，由检测转盘带动同步转动，各工位同步进行检测。当到达旋瓶位置时，旋瓶电机高速旋转安瓿支撑体，从而使安瓿高速旋转，进入光电检测区前，通过刹车制动安瓿的旋瓶轴，使安瓿停止旋转，而瓶内药液因惯性仍在旋转，此时进入光电检测区，光源一直照射在被检测物体上，工业相机对被检测物体高速拍照，如果被检测物体内液体有任何杂质，经过几幅图像进行比较，即可判定出来。通过工业相机采集到的图像还可以判定装量是否满足要求。被检测物体经过多组光电检测区，无论哪一组判定其有杂质，此安瓿均将被视为不合格品。当被检测物体运转到出瓶拨轮时，被检测物体相应压头经过顶部凸轮松开被检测物体，被检测物体进入出瓶拨轮和出瓶绞龙，经过剔瓶装置把合格品与不合格品区分，不合格安瓿从废品通道剔除，合格品由正常轨道输出。

163.安瓿光电自动检测仪操作维护SOP

　　如图 7-24 所示为一种较简单的安瓿检测转盘工位示例，其工艺流程为：待检品→置于输送带→进入进瓶拨轮→进入光电检测区→第一次旋瓶→第一次急停→第一次检测→第二次旋瓶→第二次急停→第二次检测→第三次检测→进入出瓶拨轮→分瓶器根据软件指令区分合格品、不合格品→合格品与不合格品分别出瓶。

164.安瓿光电自动检测仪常见故障及排除

　　如图 7-25 所示为一种检测转盘图像采集示例，摄像头可设置 3～6 组，安装在固定台上，固定台安装在拍摄支架上，拍摄支架位于待检安瓿的内侧；每组摄像头对应一组光源，光源安装在灯光支架上，灯光支架位于待检安瓿的外侧。在安瓿急停时，摄像头拍摄成像，摄像头一般固定不动，也可一定角度跟踪拍摄。光源有底光源、侧光源、背光板之分，便于多角度成像。

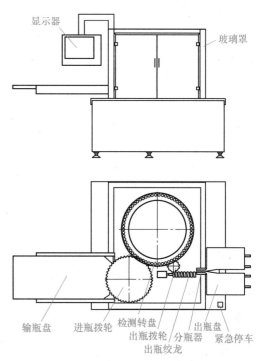

图 7-23　安瓿灯检机示意图

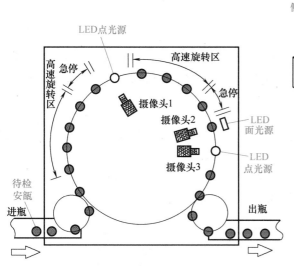

图 7-24　检测转盘工位示意图

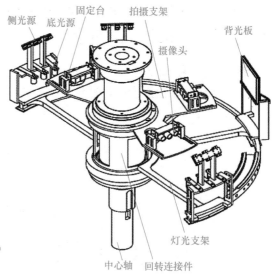

图 7-25　图像采集示意图

　　安瓿灯检机采用高分辨率工业相机，通过在被检测物体上照射强光和放大几十倍的采集图像，可见异物的可视性更强，检测精度远远高于人工灯检；可以同时完成异物检测和检漏工序，能自动剔除不合格品，检测性能稳定可靠，可高速、连续工作，大大降低了人工灯检的多种不稳定、不可靠因素，有效地控制了产品质量，提高了生产效率，但对包材质量要求高。

某药厂用安瓿灯检机检测安瓿澄明度，发现检测区碎瓶，并且误检率过高。想一想：这是为什么？应如何处理？

165.工业案例解析

任务四　安瓿印字机

安瓿印字包装是水针剂生产的最后一道工序，整个生产过程包括开盒、送盒、安瓿印字、装盒、盖盒、贴签、扎捆、装箱等多项工作内容。目前我国水针剂生产多采用机器和人工配合操作的半机械化安瓿印包生产线。印包生产线由以下4台单机组成：开盒机、印字机、贴签机和捆扎机。这4台单机可组成流水线同时使用，也可根据各厂的自身条件选用。本任务介绍安瓿印字机。

166.安瓿开盒机简介

成品安瓿需打印品名、规格、有效期、批号及生产厂等标记后方能装盒出厂。通常安瓿上需印有三行字，其中第一、二行是标明厂名、剂量、商标、药名等字样，是用铜板排定固定不变的；而第三行是药品的批号，则需使用活版铅字，准备随时变动调整。安瓿上的这些标记在一般针剂厂都是采用安瓿印字机去完成。目前常用的安瓿印字机主要有转盘式和推板式两种，其主要区别是：在印字时，转盘式是安瓿落到转盘凹槽中，由转盘带着安瓿与印字轮对滚完成印字动作；而推板式是安瓿落到托瓶板上由推瓶板将安瓿推到印字轮下与印字轮对滚完成印字动作。

一、转盘式安瓿印字机

转盘式安瓿印字机如图7-26所示，主要由送瓶部分（安瓿盘、拨轮、出瓶轨道、转盘）、印字部分（油墨轮、往复轮、中间轮、字版轮、印字轮）、送盒部分、传动部分、机架等组成。

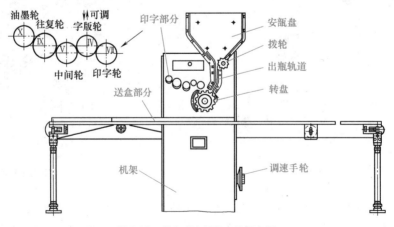

图 7-26　转盘式安瓿印字机示意图

工作时，将灌封和澄明度检查合格的安瓿，放于倾斜的安瓿盘内，使其在重力和拨轮的拨动下进入出瓶轨道,沿出瓶轨道依次落入转盘凹槽。转盘上的安瓿随着转盘转到与印字轮接触时,印字部分的 5 个轮子将涂在油墨轮上的油墨经往复轮、中间轮进行均匀后,黏在字版轮的字版上,再经字版轮与印字轮对滚将字版轮上的字印在印字轮上,最后由印字轮与安瓿接触并对滚,将字复印在安瓿瓶身上。印完字的安瓿,随转盘的继续转动落入输送带送来的已打开的纸盒内,由输送带输出。

转盘式安瓿印字机连续印字,效率高,产量大,可选用相应的转盘和拨轮以满足不同规格的安瓿。

二、推板式安瓿印字机

167.安瓿印字机常见故障与排除

推板式安瓿印字机的结构如图 7-27 所示。印字部分的 5 个轮子与转盘式印字机的结构原理相同。工作时,将待印字的安瓿放于倾斜的安瓿盘内,在重力和拨轮的拨动下落入出瓶轨道,沿出瓶轨道依次落到镶有海绵垫的托瓶板上。推瓶板将托瓶板上的安瓿推至印字轮下完成印字,推瓶板往复一次印一个安瓿。印完字的安瓿落入输送带送来的已打开的纸盒内,由输送带输出。

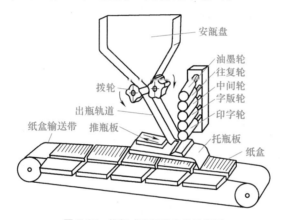

图 7-27 推板式安瓿印字机示意图

印字、装盒后的安瓿,在输送带输出的过程中,先由人工将盒中未放整齐的安瓿进行整理并在其上放上一张预先印制好的使用说明书,最后再盖上盒盖,由输送带送往贴签机贴签。

 工业案例

168.工业案例解析

某药厂用推板式安瓿印字机给安瓿印字时发现印字不清的现象。

想一想:这是为什么?应如何处理?

查一查:关于水针剂生产设备的专利,近十年哪家公司最多?

讨论:专利是怎样发明出来的?

想一想:改造一下安瓿洗瓶机、烘干灭菌机、安瓿灌封机、自动灯检机、安瓿印字机等水针剂设备,还能用来做什么?

项目小结

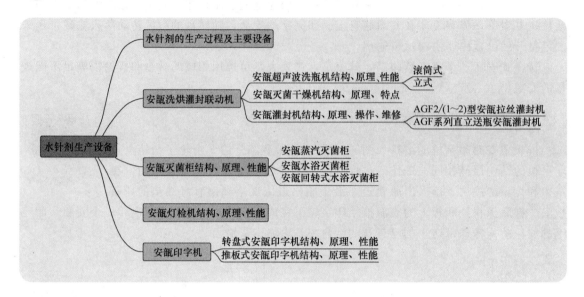

169.项目检测
参考答案

项目检测

一、单项选择题

1. 安瓿超声波洗瓶机的洗瓶过程是（   ）。①向安瓿内灌水；②超声波粗洗；③喷射循环水冲洗；④喷射压缩空气吹水；⑤喷射注射气水精洗

    A. ①②③④⑤   B. ①②③⑤④   C. ⑤④③②①   D. ①②③④

2. AQLC立式超声波洗瓶机的摆环上的喷针清洗瓶子内壁时完成的动作是（   ）：①上升进瓶；②随转盘同步旋转跟踪清洗；③反向旋转；④下降出瓶

    A. ①②③④   B. ①③②④   C. ①②④③   D. ④③②①

3. 安瓿灌封机的针头组在灌注药液时应该将针头伸到（   ）。

    A. 安瓿口处   B. 安瓿瓶底   C. 安瓿喇叭口处   D. 随机位置

4. 解决安瓿灌注时冲液的方法有（   ），解决束液不好的方法有（   ）。

    A. 采用梅花形针端

    B. 在贮液瓶和玻璃泵连接的导管上夹一只螺丝夹

    C. 调节注液针尖至喇叭口处

    D. 调节注液针尖至瓶底

5. 安瓿洗烘灌封联动机中安瓿瓶红外线烘干灭菌顺序为（   ）。

    A. 预热—灭菌干燥—冷却   B. 甩水—灭菌干燥—冷却

    C. 甩水—吹干—灭菌   D. 灭菌—干燥—冷却

二、多项选择题

1. AGF2/1～2型安瓿灌封机在灌注位置处的零部件有（   ），封口处的零件有（   ）。

    A. 压瓶机构   B. 转瓶机构   C. 针头组   D. 药液计量装置

E. 止灌装置　　　　F. 火焰装置　　　　G. 拉丝钳装置　　　H. 移动齿板

2. 安瓿换规格后，安瓿灌封机的火焰装置应调节的内容有（　　）。

A. 火焰的加热时机　B. 火焰位置　　　　C. 火头　　　　　　D. 火焰种类

3. 拉丝钳装置调节要求包括（　　）。

A. 拉丝钳升降时机适当　　　　　　　B. 钳口要正好夹断瓶颈

C. 拉丝钳口开合时机适当　　　　　　D. 钳口最低点在瓶口下距瓶口 5mm 左右

4. 安瓿灌注时常见问题是（　　），封口时常见问题是（　　）。

A. 冲液　　　　　　B. 束液不良　　　　C. 焦头　　　　　　D. 平头

E. 泡头　　　　　　F. 尖头

5. 对安瓿进行灭菌检漏的设备有（　　）。

A. 安瓿回转式水浴灭菌器　　　　　　B. 安瓿隧道式烘干灭菌机

C. 安瓿洗烘灌封联动机　　　　　　　D. 安瓿蒸汽灭菌柜

项目八
粉针剂生产设备

 项目导入

170.青霉素的故事

　　盛装注射用无菌粉末的注射剂简称粉针剂,是用无菌操作法生产的非最终灭菌注射剂,在临床应用时再以适宜的溶媒溶解后供注射用,适用于遇热或遇水不稳定的注射剂药物,如某些抗生素等。粉针剂有无菌分装粉针剂和冷冻干燥粉针剂,无菌分装粉针剂系用无菌操作法将经过无菌精制的药物粉末分装于洁净灭菌西林瓶中密封制成;冷冻干燥粉针剂系将药物制成无菌水溶液,以无菌操作法灌装,冷冻干燥后,在无菌条件下密封制成。

　　本项目主要学习无菌分装和冻干粉针剂生产设备,设计了三个学习任务:任务一粉针剂分装机;任务二冻干设备;任务三西林瓶轧盖机。

学习目标

知识目标:1. 了解粉针剂生产工艺及所用设备的种类。
　　　　　2. 熟悉常用粉针剂设备的结构组成和工作原理。
技能目标:1. 会按 SOP 正确使用和操作螺杆分装机、粉剂冻干机、西林瓶轧盖机。
　　　　　2. 会按 SOP 清场、维护粉针剂设备。
　　　　　3. 会对螺杆分装机、粉剂冻干机、西林瓶轧盖机常见故障进行分析并排除。
创新目标:分析不同类型分装机、冻干机、轧盖机的微创新。
思政目标:通过青霉素的发明、中药粉针剂的发明,培养和提升学生科学严谨的工作态度。

任务一　粉针剂分装机

一、概述

　　分装粉针剂的生产过程包括灭菌粉末的制备、西林瓶和胶塞的处理、粉剂分装、铝盖的处理及轧盖。

1. 灭菌粉末的制备

待分装的原料可用无菌过滤法、无菌结晶法或冷冻干燥法处理，必要时需进行粉碎、过筛等，精制成无菌粉末，生产上常把无菌粉末的精制、烘干、包装简称为精烘包。精烘包过程必须在 A 级洁净条件下进行。

171.西林瓶简介

2. 西林瓶的处理

先用超声波洗瓶机对西林瓶进行清洗，再将其置于隧道式灭菌烘箱内，在280～340℃的温度下干热灭菌后备用。为防止无菌粉末黏瓶，可用硅油处理玻璃瓶内壁。

172.药用胶塞简介

3. 胶塞的处理

目前我国的药用胶塞都是丁基橡胶胶塞。胶塞大都采用气流及水流搅动的漂洗方法，并实现了机械化操作，洗净后的胶塞都要进行硅化处理。

灭菌好的空瓶、胶塞应在净化空气保护下存放，存放时间不超过 24 小时。

173.药用铝塑组合盖处理方式

4. 分装

分装是粉针剂生产的关键工序，依据计量方式的不同常用螺杆式和气流式两种型式。分装工序必须在高度洁净的无菌室中按照无菌操作法进行。除另有规定外，分装室温度为 18～26℃，相对湿度应控制在分装产品的临界相对湿度以下。

粉剂分装机是将无菌的粉剂药品定量分装在经过灭菌干燥的玻璃瓶内，并盖紧胶塞密封。这是无菌粉针生产过程中最重要的工序。粉剂分装机有螺杆分装机和气流分装机两种。

174.中药粉针剂的历史

粉剂分装机的型号按 JB/T 20008.2—2012 标注，如：KFG300 型表示生产能力为 300 瓶/min 的抗生素玻璃瓶（K—抗生素玻璃瓶粉剂分装机械）螺杆（G—螺杆分装机）粉剂分装机（F—粉剂分装）。

5. 铝盖的处理

目前我国的药用铝盖都是铝塑组合盖，如果铝盖在制造过程中带有较多油污时，可以用洗涤剂清洗，再用纯化水冲洗干净后置电烘箱内 120℃、1 小时干燥灭菌。如果铝盖本身经过涂塑处理，表面无油污，只需灭菌即可。

175.气流分装机简介

分装粉针剂和冻干粉针剂生产工艺流程图见图 8-1，分装粉针剂联动生产线设备如图 8-2 所示。

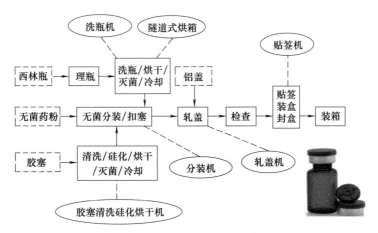

图 8-1 分装粉针剂生产过程及主要设备

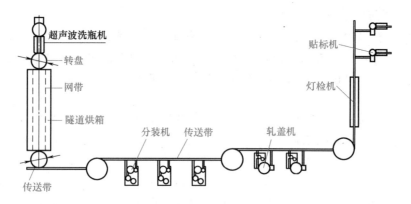

图 8-2　分装粉针剂联动生产线示意图

二、螺杆分装机

176.螺杆分装机

螺杆分装机是由步进电机控制螺杆转过一定的角度来将定量药粉装入西林瓶中的一种设备,有单头和多头螺杆之分。螺杆分装机装量精度高、装量调整方便、结构简单、便于维修,使用中不会产生漏粉、喷粉现象,可适应多品种、多规格生产。图 8-3 所示为双头螺杆分装机示意图,其结构包括输瓶部分、药物输送及分装机构、输塞部分、扣塞部分、传动部分、电气控制部分等。

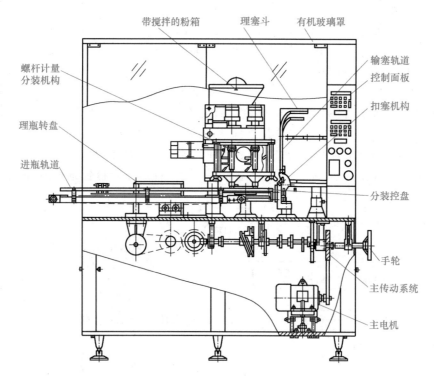

图 8-3　双头螺杆分装机

1. 输瓶部分

输瓶部分包括理瓶转盘、进瓶轨道、出瓶轨道等。理瓶转盘用来理顺杂乱无章的瓶子,进出瓶轨道主要是用来将瓶子送入间歇分装盘后，将分装、扣塞好的瓶子送出分装机，使其进入下一道工序。如图 8-4 所示。

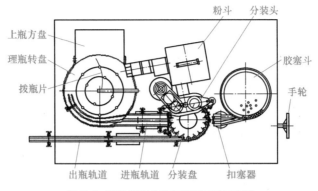

图 8-4　双头螺杆分装机输瓶原理示意图

2. 送粉机构

送粉机构包括粉斗、送粉螺杆、分装机构。粉斗内的药粉通过送粉螺杆将其送入分装机构，分装机构内的分装螺杆通过步进电机的旋转步数来准确控制下粉量的多少，从而达到 GMP 要求。

送粉机构如图 8-5 所示，将药粉加入粉斗，粉斗底部的两个送粉螺杆由各自的小电机通过减速器带动进行连续旋转，输送药粉至分装喇叭漏斗内。为了防止送粉螺杆与出粉漏斗口接触摩擦产生金属屑，两者必须保持 0.2mm 左右的间隙。

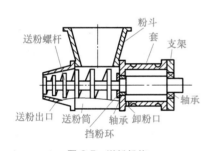

图 8-5　**送粉机构**

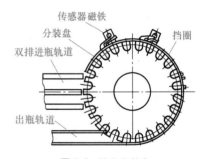

图 8-6　**等分分装盘**

图 8-6 所示为分装盘的结构，分装盘间歇转动，将瓶子依次送至分装位置和扣塞位置完成药粉定量分装和扣胶塞动作，经出瓶轨道输出，如图 8-7 所示。分装盘设置了传感器磁铁，当控瓶盘内有瓶时，传感器传递信号控制分装螺杆上的步进电机，从而带动分装螺杆工作。当控瓶盘内无瓶时，传感器控制步进电机停转，实现无瓶不分装。

3. 分装机构

（1）分装原理　药物的计量分装由分装头完成。如图 8-8 所示，两个分装喇叭漏斗内均设一个计量螺杆，当计量螺杆转动时，粉剂通

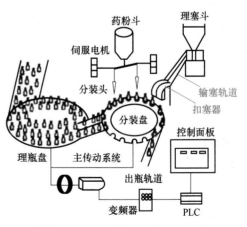

图 8-7　**双头螺杆分装机工作原理示意图**

过分装头下部的开口定量地加到玻璃瓶中。为使粉剂加料均匀，料斗内还有一搅拌桨，连续反向旋转以疏松药粉。

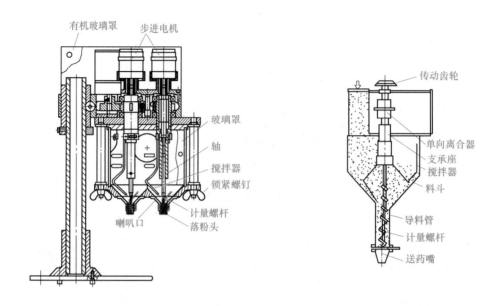

图 8-8   螺杆分装头结构图

（2）计量原理   因为螺杆的每个螺距容积相同，旋转一圈所输送的药粉量则相同，根据装量容积计算出螺杆需要旋转的转数（即角度），由伺服电机控制其单向间歇旋转设定的角度数，从而实现对药粉的计量。控制螺杆转角可以精确控制药粉计量误差在±2％内。

计量螺杆与导料管内壁间隙要均匀，一般要求 0.2mm；螺杆和分装漏斗下端出口应装平，过高或过低都会影响装量。

（3）装量调节   螺杆分装机的装量精度与螺杆规格、结构、转速、步数、下料嘴的结构、粉剂的密度及堆料高度等因素有关。

比重大、流动性好的药粉可选用较小的螺杆螺距，蓬松、流动性差的药粉可选用较大的螺杆螺距。对松散且流动性较好的药粉，分装漏斗中的药粉料位宜控制在粉斗的中高位，即 1/2～2/3 处；黏性、流动性较差的药粉，料位宜控制在粉斗的中低位，即 1/2～1/3 处；比重大、体积小且流动性好的药粉，料位宜控制在粉斗的中低位或略高，即 1/2～3/4 处，但不可低于 1/3，以免出现装量不稳现象。

4. 输塞、扣塞机构

输塞、扣塞机构包括电磁振荡箱、胶塞料斗、落塞轨道、真空吸塞装置、扣塞器，如图 8-9 所示。

177.螺杆分装机操作、
清洁、维保SOP

将处理好的胶塞加入胶塞料斗，当电磁振荡器振荡时，料斗内的胶塞便沿着料斗内壁的双行螺旋轨道向上跳动。当胶塞小端朝上时，便顺利通过理塞位置；当胶塞大端朝上时，到达理塞位置便被凸形弹簧片挤到轨道边缘缺口处而掉入料斗中并重新上升。通过理塞位置的胶塞继续上升到最高处，落入料斗外的落塞轨道并继续下滑到扣塞器的位置，通过真空吸力完成接塞动作，随后逆时针摆动 90°，准确将胶塞压入瓶口内，完成扣塞任务。

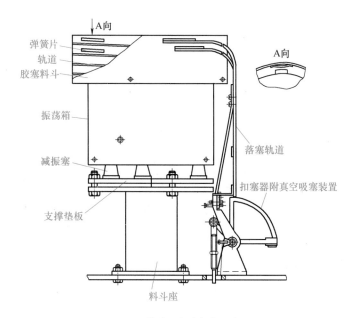

图 8-9　输塞、扣塞机构示意图

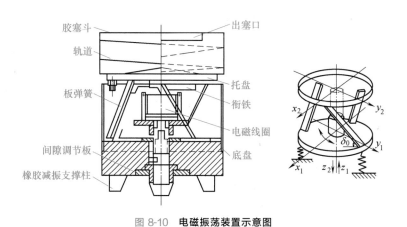

图 8-10　**电磁振荡装置示意图**

5. 电磁振荡装置

电磁振荡装置是靠电磁振动力把胶塞连续输送到输塞轨道。其结构如图 8-10 所示。胶塞料斗底部装一衔铁，底盘上装一电磁铁，料斗和底盘之间装有三根倾斜板弹簧，底盘与机架之间的相应位置装有三根压缩弹簧。电磁线圈的供电方式是单相交流激磁、单相半波整流激磁、交直流联合激磁。在工作过程中，当磁力骤增的瞬间，电磁铁对衔铁产生引力，使料斗以直线移动和旋转运动的复合运动形式与底盘产生相向位移，从而使主振弹簧和辅振弹簧发生综合变形。反之，电磁骤减瞬间，已变形的主、辅振弹簧在弹力作用下，带动料斗沿相反方向运动。如此不断地循环，即形成高频微幅振动。在高频微幅振动作用下，使料斗内的胶塞沿其内侧螺旋滑道向上爬行。

178.双头螺杆分装机常见故障分析及解决方法

螺杆分装机结构简单，附属设备少，易装拆清洗，维护方便，运行成本低。装量易控制，使用中不会产生"漏粉"与"喷粉"现象，粉尘少，目前药厂应用广泛。

某药厂用螺杆分装机分装药粉，出现装量不准现象。经检查分析是包括"棚架"在内的多种原因造成的。

查一查：什么叫"棚架"现象？应如何处理装量不准的情况？

> 想一想
> 1. 螺杆计量送粉还可以用在其他什么机器中？
> 2. 理塞斗的原理还可以用在其他什么机器中？
> 3. 理瓶转盘、等分分装盘还可以用在其他什么机器中？

任务二　冻干设备

一、概述

180.冻干技术的发展

冻干粉针剂是将药物水溶液定量灌注在西林瓶中，先半压开口胶塞，再冷冻干燥而得到的粉状注射剂，冻干制品复水性极好。冻干技术主要用于热敏物质，如抗生素、疫苗、血液制品、酶激素和其他生物制品等。

冻干是将被干燥的物质在低温下快速冻结，然后在适当的真空环境下使冻结的水分子直接升华成为水蒸气逸出的过程。一般分三步进行：预冻结、升华干燥（或称第一阶段干燥）、解析干燥（或称第二阶段干燥）。预冻结就是将溶液中的自由水固化；升华干燥是将冻结后的产品置于密封的真空容器中加热，其冰晶就会升华成水蒸气逸出而使产品脱水干燥，该阶段约除去全部水分的 90%；解析干燥是把制品置于较高的真空度和温度的环境下，维持一定的时间（由制品特点而定），除去升华阶段残留的吸附湿分，物料残留湿分可降至 0.5%～4%。

典型的冻干药品的生产工艺过程由西林瓶处理、药液配制、胶塞处理、无菌灌装、半上塞、冻干、全上塞、轧盖、灯检、贴签和包装等工序组成，常用生产设备有理瓶机、洗瓶机、冻干机、封口机、贴签机和包装机等。生产工艺流程图如图 8-11 所示。

> 想一想：生活中见过什么冻干食品？与晒干、烘干有何不同？

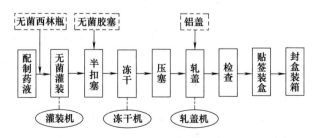

图 8-11　冻干粉针剂生产过程及主要设备

二、冻干机

产品的冷冻干燥需要在真空冷冻干燥机中进行，药用真空冷冻干燥机型号按 JB/T 20032—2012 标注，如 GZLZY10 型表示：搁板面积为 10m^2，蒸汽灭菌（Z—蒸汽灭菌；无灭菌功能不表示）、液压（Y—液压；非液压的不表示）的真空冷冻干燥机（GZL）。

图 8-12　冷冻干燥机外形示意图

其外形如图 8-12 所示。主要由制冷系统、真空系统、循环系统、液压系统、控制系统、在线清洗/在线灭菌（CIP/SIP）系统及箱体等组成，工作原理如图 8-13 所示。

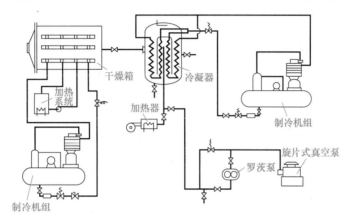

图 8-13　冷冻干燥机原理示意图

1. 制冷系统

制冷系统在冻干设备中最为重要，被称为"冻干机的心脏"。制冷系统由制冷压缩机、冷凝器、蒸发器和热力膨胀阀等所构成，主要是为干燥箱内制品前期预冻提供冷量，以及为后期冷阱盘管捕集升华水气供给冷量。

181.冻干机

冷冻干燥过程中常常要求温度达到 −50℃以下，因此在中、大型冷冻干燥机中常采用两级压缩进行制冷。主机选用活塞式单机双级压缩机，每套压缩机都有独立的制冷循环系统，通过板式交换器或冷阱盘管，分别服务于干燥箱内板层和冷凝器。根据控制系统的运行逻辑，压缩机可以独立制冷板层或制冷冷凝器。

制冷系统中的工作介质称为制冷剂，它是一种特殊液体，其沸点低，在低温下极易蒸发，当它在蒸发时吸收了周围的热量，使周围物体的温度降低；然后这种液体的蒸汽循环至压缩机经压缩成为高压过热蒸汽，后者将热量传递给冷却剂（通常是水或空气）而液化，如此循环不断，便能使蒸发部位的温度不断降低，这样制冷剂就把热量从一个物体移到另一个物体上，实现了制冷的过程。

常用的制冷剂有：氨（R717）、氟利昂 12（R12）、氟利昂 13（R13）、氟利昂 22（R22）、共沸混合制冷剂 R500、共沸制冷剂 R502、共沸制冷剂 R503 等。

载冷剂在冻干机中是一种中间介质，亦称第二制冷剂，主要用于箱体内搁板的冷却和加热，它将所吸收的热量传给制冷剂或吸收加热热源的热量传给搁板，提供产品冻结时所需的冷量及产品干燥的升华热。使用载冷剂的目的是使搁板温度均匀。常用的载冷剂有：低黏度硅油、三氯乙烯、三元混合溶液、8 号仪表油、丁基二乙二醇等。

2. 箱体

干燥箱（又称冻干箱）是冻干机中的重要部件之一，它的性能好坏直接影响到整个冻干机的性能。冻干箱是矩形或圆桶型的真空密闭的高、低温箱体，既能够制冷到−50℃左右，又可以加热到＋50℃左右。制品的冷冻干燥是在干燥箱中进行，在其内部主要有搁置制品的搁板，搁板采用不锈钢制成，内有载冷剂导管分布其中，可对制品进行冷却或加热。板层组件通过支架安装在冻干箱内，由液压活塞杆带动可上下运动，便于进出料和清洗。最上层的一块板层为温度补偿加强板，它保证箱内所有制品的热环境相同。

冷阱（又称冷凝器）是一个真空密闭容器，在它内部有一个较大表面积的金属吸附面，吸附面的温度能降到−70℃以下，并且能恒定地维持这个低温。在制冷系统中。冷阱的作用是把冻干箱内制品升华出来的水蒸气冻结吸附在其金属表面上。从制品中升华出来的水蒸气能充分地凝结在与冷阱盘管相接触的不锈钢柱面的内表面上，从而保证冻干过程的顺利进行。冷阱的安装位置可分为内置式和外置式两大类，内置式的冷阱安装在冻干箱内，外置式冷阱安装在冻干箱外，两种安装各有利弊。

3. 真空系统

制品中的水分只有在真空状态下才能很快升华，达到干燥的目的。冻干机的真空系统由冻干箱、冷凝器、真空阀门、真空泵、真空管路、真空测量元件等部分组成。

系统采用真空泵组，形成强大的抽吸能力，在干燥箱和冷凝器形成真空，一方面促使干燥箱内的水分在真空状态下升华，另一方面该真空系统在冷凝器和干燥箱之间形成一个真空度梯度（压力差）。使干燥箱水分升华后被冷凝器捕获。

真空系统的真空度应与制品的升华温度和冷凝器的温度相匹配，真空度过高或过低都不利于升华，干燥箱的真空度应控制在设定的范围之内，其作用是可缩短制品的升华周期，对真空度控制的前提是真空系统本身必须具有很少的泄漏率。真空泵有足够大的功率储备，以确保达到极限真空度。

4. 循环系统

冷冻干燥本质上是依靠温度差引起物质传递的一种工艺技术。物品首先在板层上冻结，升华过程开始时，水蒸气从冻结状态的制品中升华出来，到冷凝器捕捉面上重新凝结为冰。为获得稳定的升华和凝结，需要通过板层向制品提供热量，并从冷凝器的捕捉表面去除。搁板的制冷和加热都是通过导热油的传热来进行，为了使导热油不断地在整个系统中循环，在管路中要增加一个屏蔽式双体泵，使得导热油强制循环。循环泵一般为 1 个泵体 3 个电机，平时工作时，只有 1 台电机运转，假使有一台电机工作不正常时，另外一台会及时切换上去。这样系统就有良好的备份功能，适用性强。

5. 液压系统

液压系统是在冷冻干燥结束时，将瓶塞压入瓶口的专用设备。液压系统位于干燥箱顶部，主要由电动机、油泵、单向阀、溢流阀、电磁阀、油箱、油缸及管道等组成。冻干结束，液压加塞系统开始工作，在真空条件下，使上层搁板缓缓向下移动完成制品瓶加塞任务。

6. 控制系统

冻干机的控制系统是整机的指挥机构。冷冻干燥的控制包括制冷机、真空泵和循环泵起、停的控制，加热功率的控制，温度、真空度和时间的测试与控制，自动保护和报警装置控制等。根据所要求自动化程度不同，对控制要求也不相同，可分为手动控制（即按钮控制）、半自动控制、全自动控制和微机控制四大类，如图 8-14 所示。

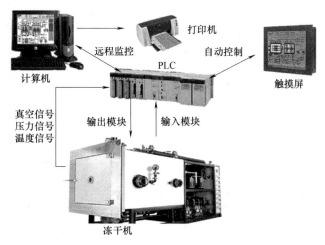

图 8-14　冷冻干燥机控制系统示意图

7. 在线清洗（CIP）系统

　　在线清洗系统是指系统或设备在原安装位置不做任何移动条件下的清洗工作，它由许多喷嘴、电动控制阀门组成。带有清洗装置的冻干机在冻干箱内装有广角式和球形喷头，有些喷嘴是活动式的，喷头的布置要保证每一个死角都能彻底清洗干净。当一台加压泵工作时，清洗管道内通入压强大于 0.15MPa 蒸馏水或清洗水，通过喷头做雾状喷射时，同时板层做上下运动，这样能消除箱内和板层未清洗到的残留物质，达到清洗目的。清洗过程根据 GMP 要求设计，清洗操作控制集成在控制系统内，CIP 程序控制系统启动运行时间可由操作人员根据实际情况设定。在位清洗后，在其他阀门都关闭的情况下，水环式真空泵开始进行抽空排水。

182.冻干机操作、清洁、维保SOP

8. 在线灭菌（SIP）系统

　　在线灭菌系统是指系统或设备在原安装位置不做任何移动条件下的蒸汽灭菌。蒸汽消毒型冻干机采用在位灭菌装置（121℃蒸汽灭菌、过氧化氢灭菌装置），从根本上避免了无菌室的二次污染问题。可消毒的波纹管套有效地防

183.冻干机常见故障分析及排除方法

止了液压油的污染，使用蒸汽消毒的冻干机本身相当于一台高压消毒柜，冻干箱和冷凝器均使用蒸汽消毒，因此，它们必须不仅能耐受负压，而且要耐受正压，二者均装有安全放气阀，为了消毒后冷却系统，大型冻干机的冻干箱和冷凝器均设计成双层夹套式结构，以便用冷却水进行冷却，大型冻干机的箱门也是双层夹套式结构。

　　冻干机的箱门需适合耐正压，因此，普遍采用像高压消毒柜那样的辐射杆式锁紧装置，并装有安全设备，当冻干箱内处于正压和高温时，冻干箱门无法打开。

工业案例

　　某药厂生产双黄连粉针剂，出现冻干机降温不正常现象。

184.工业案例解析

想一想：这是为什么？应如何处理？

想一想
家里的冰箱、空调也能制冷，和冻干机有什么不同？

任务三　西林瓶轧盖机

粉针剂压塞（分装后或冻干后）后用铝（或铝塑）盖对胶塞进行压紧密封与保护的操作叫轧盖。无菌注射剂要求轧盖后铝盖不松动且无泄漏。

185.轧盖机

一、概述

完成轧盖的机器称轧盖机。轧盖机的种类很多。根据操作方式不同分为手动、半自动、全自动轧盖机；按铝盖收边成型的工作原理不同分为卡口式（开合式）和滚压式（旋转式），滚压式是利用旋转的滚刀通过横向进给将铝盖滚压在瓶口上，卡口式是利用分瓣的卡口模具将铝盖收口包封在瓶口上，卡口模具有三瓣、四瓣、六瓣、八瓣等。

生产中轧盖以滚压式收边成形为主。滚压式轧盖机根据轧刀头数不同，分为单头式和多头式；根据滚刀数量不同，分为单刀式和三刀式两种；根据瓶子在轧盖时是否运动，分为瓶子不动和瓶子随动两种形式。

多头单刀轧盖机和多头三刀滚压式轧盖机因其轧盖严实、美观，铝盖、铝塑盖兼容性好，胶塞不松动，密封性能好，结构简单，轧刀调整较为简便，操作和维护简单易行等特点，应用最为广泛。

二、滚压式轧盖机

西林瓶轧盖机的型号根据 JB/T 20008.3—2012 标注，如 KZG120/3～50 型表示：适用 3～50mL 规格，生产能力为 120 瓶/min 的滚压式（ZG—滚压式轧盖机）抗生素玻璃瓶粉剂轧盖机（K）。

KZG 型滚压式轧盖机主要是由理瓶转盘、进出瓶输送轨道、理盖振荡器、轧头体机构、拨瓶盘、传动机构、主电机、下盖轨道与电气控制部分等组成，如图 8-15 所示，是单头三刀滚压式轧盖机。

理瓶转盘、进出瓶输送轨道、等分拨瓶盘的作用与螺杆分装机相应装置相同。振荡理盖机构的作用和原理与螺杆分装机的理塞装置相同。工作时，将铝盖放入理盖斗，在电磁振荡器的作用下，铝盖沿理盖斗内的螺旋轨道向上跳动，上升到轨道缺口、弹簧处完成理盖动作，口朝上的铝盖继续上升到最高处后再落入料斗外的输盖轨道，沿输盖轨道下滑到西林瓶的挂盖位置；同时，西林瓶由理瓶转盘被送入进瓶轨道，再由输送链条将瓶送入等分拨瓶盘的凹槽，随拨瓶盘间歇转到挂盖位置处接住铝盖后，继续转到轧头体下，由轧头体装置完成轧盖动作，随后，西林瓶被拨瓶盘推入出瓶轨道，由输送带将瓶送出。

轧头体由三组滚压刀头及连接刀头的旋转体、铝盖压边套、芯杆和皮带轮组及电机组成，如图 8-16 所示。电机通过皮带轮组带动滚压刀头高速旋转，转速约 2000r/min，在偏

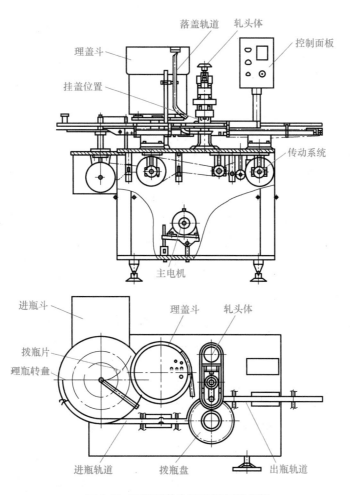

图 8-15 **KZG 型单头三刀滚压式轧盖机**

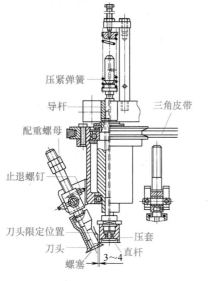

图 8-16 **三刀轧头体**

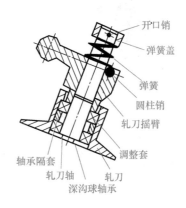

图 8-17 **轧刀结构示意图**

心轮带动下，轧盖装置整体向下运动，先是压边套盖住铝盖，只露出铝盖边沿待收边的部分，在继续下降的过程中，滚压刀头在沿压边套外壁下滑的同时，在高速旋转离心力作用下向心收拢，滚压铝盖边沿使其收口。轧刀的结构如图 8-17 所示。

还有一种瓶子随动、三刀滚压型轧头体，如图 8-18 所示，由电机、传动齿轮组、七组滚压刀组件、中心固定轴、回转轴、控制滚压刀组件上下运动的平面凸轮和控制滚压刀离合的槽形凸轮等组成。扣上铝盖的西林瓶在拨瓶盘带动下进入一组正好转动过来并已下降的滚压刀下，滚压刀组件中的压边套先压住铝盖，在继续转动中，滚压刀通过槽形凸轮下降并借助自转，在弹簧力作用下，在行进中将铝盖收边轧封在西林瓶口上，轧刀轧卷铝盖，使待轧盖的容器密封性达到最佳效果；压紧弹簧缓冲轧刀的冲击力，以此减小轧刀对待轧容器的破损率；调整螺杆 A 用来调整压紧弹簧的压力大小；压紧螺母锁紧螺杆 A，以防止调整螺杆松动而影响轧盖质量；锁紧螺母用来调整轧刀的高低后固定调整螺杆 B，以防止调整螺杆 B 松动而影响轧

盖质量；调整螺杆 B 用来微量调整轧刀与瓶口之间高低，以此来调整轧盖后盖跟容器配合的紧密度与精确度，使轧盖后的密封达到最佳效果；调整手柄用来调整轧刀座的高低，以适应各种容器的轧盖；压盖头压紧瓶盖与待轧盖容器的紧密性；用来调整螺丝 A 锁紧调整手柄，当轧盖座调整到适当高度后，锁紧调整螺丝 A，以防止轧盖头座的高低位移而影响轧盖质量；调整螺丝 B 用来调整皮带的松紧。

开合式自动轧盖机的结构组成与滚压式轧盖机相似，不同的就是轧头体不同，如图 8-19 所示，由偏心轴、轧头体、X 型芯轴、开合爪、浮动轴等组成。连杆和轧头体处于下止点位置，凸轮顶动推杆，锁紧块处于锁紧位置。X 型芯轴上部圆柱面与开合爪接触，使

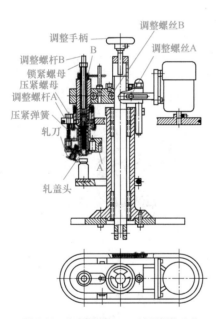

图 8-18　**瓶子随动、三刀滚压型轧头体**

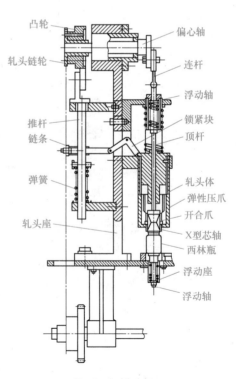

图 8-19　**开合式轧头体**

其上端顶住弹性压爪的压力张开，下端闭合夹紧铝盖，将铝盖压入瓶颈包住瓶口，完成轧盖封口动作。当偏心轴（曲柄）由图示位置带动连杆转到上止点的过程中，通过浮动轴、顶杆使 X 型芯轴上移，开合爪由圆柱面移到圆锥面张开，X 型芯轴上端面与轧头体下端面接触（锁紧块已松开），推动轧头体压缩弹簧一起上移至上止点位置。开合爪离开西林瓶口，分装盘转动，下一个西林瓶转到轧盖位置。当曲柄继续转到下止点时，又处于图示位置。

188.工业案例解析

某药厂用 KLG120 型轧盖机给西林瓶轧盖时发现成品出现皱皮现象。

想一想：这是为什么？应如何处理？

想一想

1. 生活中有没有可以轧铝盖的工具？

2. 如果没有轧盖机，也没有工具，有没有办法把铝盖轧紧？

3. 螺杆分装机的理塞斗和轧盖机的理盖斗原理是否相同？可否通用？

查一查：中药粉针剂的不良反应案例。

讨论

1. 药品从业人员职业道德与人民群众的生命健康的关系。

2. 如何保证人民群众用药安全。

项目小结

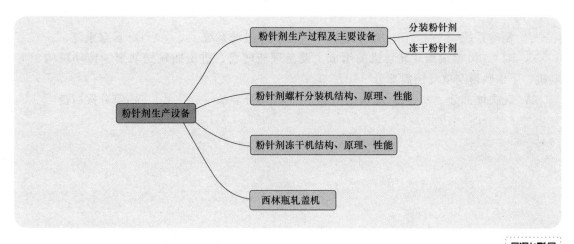

项目检测

189.项目检测
参考答案

一、单项选择题

1. 螺杆分装机的工作过程为（　　）。①进瓶；②理塞；③扣塞；④装粉；⑤出瓶

A. ①②③④⑤　　　　B. ⑤④③②①　　　　C. ①④②③⑤　　　　D. ①③②④⑤

2. 冻干粉针剂的生产流程为（　　）。①灌装；②过滤；③冻干；④半压塞；⑤轧盖封口

A. ①②③④⑤　　　　B. ⑤④③②①　　　　C. ①④②③⑤　　　　D. ②①④③⑤

3. 螺杆分装机调节装量的方法是（　　）。

A. 改变量杯容积　　　　　　　　　　　B. 调节计量泵

C. 改变药粉孔容积　　　　　　　　　　D. 改变螺杆旋转角度数

4. 冻干机中真空系统的作用是（　　）。

A. 促使产品中的水分快速升华　　　　　B. 隔绝空气避免产品污染

C. 用于箱体内搁板的冷却和加热　　　　D. 将瓶塞压入瓶口

5. 西林瓶轧盖工序是在（　　）工序后进行。

A. 分装　　　　　　B. 冻干　　　　　　C. 质检　　　　　　D. 压塞

二、多项选择题

1. 粉剂螺杆分装机的装量精度与（　　）有关。

A. 计量螺杆的结构　　　　　　　　　　B. 送粉螺杆的结构

C. 粉剂的密度　　　　　　　　　　　　D. 堆料高度

2. 螺杆分装机装量不准，下列原因正确的是（　　）。

A. 电磁振荡力太小　　　　　　　　　　B. 计量螺杆与落粉头间隙不相配

C. 分装漏斗药粉堆积太高　　　　　　　D. 药粉有结块

3. 粉剂螺杆分装机大范围调节装量时，通过（　　）调节。

A. 调节计量螺杆的转角　　　　　　　　B. 更换计量螺杆

C. 调节计量螺杆的转速　　　　　　　　D. 更换喇叭漏斗

4. 冻干机的组成主要有循环系统、液压系统、控制系统、CIP/SIP 系统、箱体、（　　）。

A. 制冷系统　　　　B. 加热系统　　　　C. 过滤系统　　　　D. 真空系统

5. KLG120 型滚压式轧盖机的组成主要是理瓶转盘、进出瓶输送轨道、传动机构、主电机、下盖轨道与电气控制部分、（　　）。

A. 轧头体部分　　　　B. 理盖振荡器　　　　C. 分装头　　　　D. 等分拨瓶盘

项目九
输液剂生产设备

项目导入

　　1656 年，英国伦敦著名的建筑师、天文学家、解剖学家克里斯托弗（Sir Christopher Wren）和罗伯特（Robert)组织了一场实验，使用羽毛管针头和动物膀胱将阿片类制剂和催吐药静脉注射到狗的静脉内，这是首例将药物注入血管的医疗行为，后人把 Christopher Wren 称为输液之父。经过近四个世纪的发展，如今静脉输液已成为医学治疗和支持的重要手段。

　　输液剂（或称大容量注射剂、大输液）是指通过静脉注射进入人体血液系统而起作用的大剂量注射剂，有 50mL、100mL、250mL、500mL、1000mL 五种规格。由于输液剂是经静脉直接输入人体，其质量除应符合小容量注射剂的一般质量要求外，还应具有无热原、不溶性微粒须符合规定、 pH 力求与血液的 pH 一致、渗透压尽可能与血液等渗、不含防腐剂或抑菌剂、输入人体后不能引起血象的任何异常

190.输液的历史

变化等更高要求。若输液剂质量不好或处理不当易产生不良反应，甚至危及生命，如著名的"齐二药"事件、"欣弗"事件。输液剂通常用玻璃瓶、塑料瓶、非 PVC 输液袋、直立式聚丙烯袋等材料包装。本项目选取了输液剂生产中应用广泛的、先进的设备作为学习载体，设计了三个学习任务：任务一玻瓶输液剂生产设备应用技术；任务二塑瓶输液剂生产设备应用技术；任务三软袋输液剂生产设备应用技术。

学习目标

知识目标： 1. 了解输液剂生产工艺及所用设备的种类。

　　　　　 2. 熟悉玻瓶、塑瓶、软袋输液剂生产设备的结构组成和工作原理。

技能目标： 1. 会按 SOP 操作、清洁、维护玻瓶、塑瓶、软袋输液剂生产设备。

　　　　　 2. 会对玻瓶、塑瓶、软袋输液剂生产设备常见故障进行分析并排除。

创新目标： 分析不同类型玻瓶、塑瓶、软袋输液剂生产设备的微创新。

思政目标： 培养、提升药品从业人员职业道德。

任务一　玻瓶输液剂生产设备应用技术

一、概述

191.注射器
的发展史

192.输液包材的
发展历程

玻璃瓶（简称玻瓶）输液剂生产工艺过程主要包括制水、洗瓶、洗塞、配药、灌装扣塞、轧盖、灭菌、质检、贴签、包装等工序，其生产过程及所需设备如图 9-1 所示。玻璃输液瓶为硬质中性玻璃，物理化学性质稳定，其质量要符合国家标准，瓶口内径必须符合要求，光滑圆整，大小合适，否则将影响密封程度。胶塞采用合成胶塞，其质量要求与西林瓶装粉针剂一致，采用气流及水流搅动漂洗。玻璃输液瓶大容量注射剂在我国使用最早，对设备的设计制造与操作使用已非常成熟。其生产设备从半机械化、机械化到机电一体化不断发展，历经从单功能机到多功能机、从单机联动线到洗灌塞封一体机的生产过程。虽然玻璃瓶有重量重、易脆、运输不便等缺点，但因其价格低廉、质量稳定、可重复使用等优点，目前在国内外仍有广泛的市场。

193.留置针的
发展历史

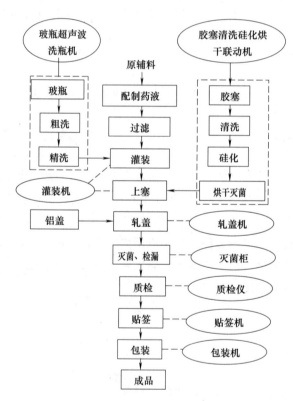

图 9-1　玻瓶输液剂生产过程及主要设备

194.玻瓶输液剂
洗灌塞封联动机

洗瓶、灌装、加塞、轧盖是玻瓶输液剂生产中的关键工位，生产中广泛采用玻璃输液瓶洗灌塞封一体机。玻璃输液瓶洗灌塞封一体机按 JB/T 20142—2011 标注，如：SBY30 型表示有 30 个灌装头的玻璃（B）输液（S）瓶洗灌塞封一体机（Y）。

如图 9-2 所示，玻瓶输液剂洗灌塞封一体机（又称箱式超声波洗瓶机）由超声波洗瓶机（粗洗机、精洗机）、灌装加塞机、轧盖机等部分组成，能自动完成理瓶、输瓶、瓶内外表面粗洗和精洗、灌装、压塞、上盖、轧盖等工序。

图 9-2 **玻瓶输液剂洗灌塞封一体机**（箱式超声波洗瓶机）

二、主要设备

（一）玻瓶超声波洗瓶机

玻瓶超声波洗瓶机有滚筒式、箱式、立式三种型式。

1. 滚筒式超声波洗瓶机

如图 9-3、图 9-4 所示，滚筒式超声波洗瓶机有滚筒式超声波粗洗机和滚筒式超声波精洗机两部分。该机用滚筒式超声波粗洗取代了传统的滚筒式毛刷、碱液粗洗。其洗瓶工艺为：理瓶→进瓶→超声波粗洗→冲循环水→冲纯化水→冲注射用水精洗。该机结构简单、操

图 9-3 **玻瓶输液剂洗灌塞封一体机**（滚筒式超声波洗瓶机）

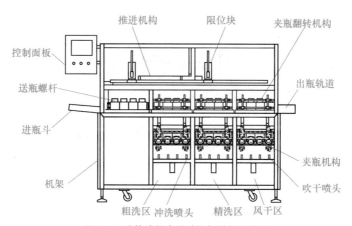

图 9-4 **滚筒式超声波洗瓶机结构示意图**

作可靠、维修方便、占地面积小，粗、精洗分别置于不同洁净级别的生产区内，不产生交叉污染，但间歇运转，效率低，目前应用渐少。

　　2. 箱式超声波洗瓶机

　　该机种类较多，一般采用履带式送瓶、瓶口定位、超声波粗洗、气水精洗的工艺，为保证洗涤效果，GMP 要求粗洗、精洗隔开。图 9-5 所示为组合箱式，目前应用较少。应用较多的是图 9-2 所示的箱式两台分体行列式，图 9-6 为粗洗机原理图，图 9-7 为精洗机原理图。

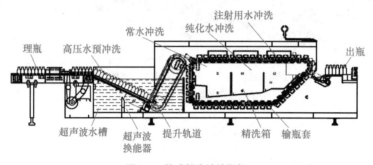

图 9-5　**箱式超声波洗瓶机**

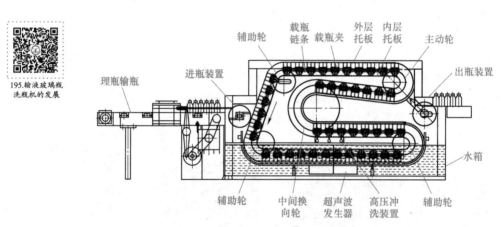

195.输液玻璃瓶洗瓶机的发展

图 9-6　**玻瓶箱式超声波粗洗瓶机**

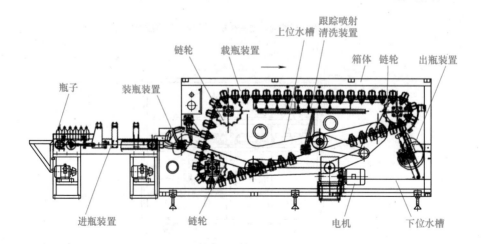

图 9-7　**玻瓶箱式超声波精洗瓶机**

其洗瓶工艺为：理瓶→进履带→载瓶装置输瓶→循环水预冲→至粗洗机的超声波水槽粗洗→循环水内外冲洗→粗洗出瓶→进至精洗机水气冲洗（依次完成纯化水冲洗→注射用水冲洗→压缩空气吹净）→出瓶。箱式超声波洗瓶机洗瓶产量大，动作稳定可靠，瓶子破损率低，适合不同规格玻瓶，应用较广泛。

3. 立式超声波洗瓶机

近年来，立式超声波洗瓶机因其粗、精洗完全分开，占地小，受到药企的广泛选用。立式超声波洗瓶机原理与项目八所述的安瓿超声波洗瓶机原理相同，只是输瓶绞龙、进出瓶拨盘、机械手夹瓶等规格部件需适应尺寸大的输液瓶，结构如图9-8、图9-9所示。

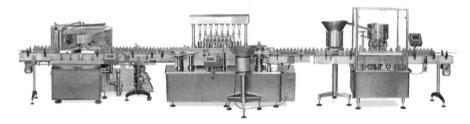

图 9-8　**玻瓶输液剂洗灌塞封一体机**（立式超声波洗瓶机）

图 9-9　**玻瓶立式超声波洗瓶机**

想一想
1. 化学实验中如何洗瓶子？与玻璃输液瓶洗瓶机有相似之处吗？
2. 为什么滚筒式超声波洗瓶机逐渐被淘汰？

（二）灌装加塞机

玻瓶灌装加塞机可将灌装、充氮、压塞合为一体，灌装后在中间过渡拨轮可增加充氮装置进行充氮，充完氮后马上进入加塞工位进行加塞，可以有效避免交叉污染，保证药品质量，提高药品合格率，同时降低人工成本，节省洁净室面积，提高生产效率。

玻瓶灌装加塞机有多种机型，按包装容器的输送方式不同分为直线型灌装机、旋转型灌装机，按灌装压力不同分为常压灌装机、负压灌装机、压力灌装机和恒压灌装机，按计量方式分为流量定时式、量杯容积式、计量泵注射式灌装机等。其中，恒压式和计量泵式应用较多。

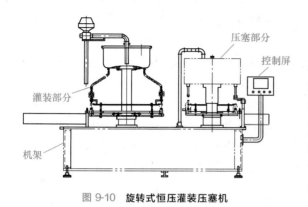

图 9-10　旋转式恒压灌装压塞机

1. 旋转式恒压灌装压塞机

结构如图 9-10、图 9-11 所示，旋转式恒压灌装压塞机主要由输瓶部分、灌装充氮部分、压塞部分、电气控制部分、机械传动等部分组成。玻瓶依次经过输瓶轨道、送瓶绞龙、进瓶拨轮进入灌装转盘，灌装转盘带瓶连续转动，由恒压恒流灌装头灌装药液，再进入中间充氮拨盘由充氮装置完成充氮，再进入压塞定位拨盘由压塞装置完成接塞、压塞后，通过出瓶拨轮转至出瓶轨道送下一工序进行轧盖锁口。

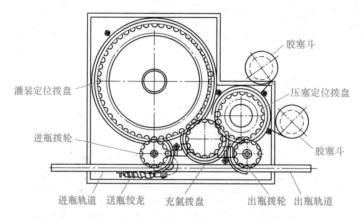

图 9-11　旋转式恒压灌装压塞机构造示意图

灌装转盘各工位示意图如图 9-12 所示。充氮是在中间充氮拨盘上完成的。利用氮气储罐中储存的氮气压力，通过细氮气喷管喷到灌装好的玻瓶内。

压塞是在中间压塞定位拨盘上完成。压塞机构采用螺旋振荡给料器理塞，工作原理见项目八。整理好的胶塞直接输送到接塞板上，回转的压塞头经过接塞板时将塞子吸住带走，灌药后的输液瓶与压塞头同步回转，压塞头在凸轮的作用下逐步下降，将胶塞加在瓶口上并压至合适深度。

旋转式恒压灌装压塞机通过电脑控制流量调节阀，采用恒压恒流原理连续灌装，装量准确；将灌装、充氮、压塞合为一体连续操作，减少了交叉污染，生产效率高，适合黏度不大的品种。

2. 计量泵注射式灌装机

计量泵注射式灌封机是通过不锈钢柱塞泵对药液进行计量并在柱塞的压力下将药液充填于容器中，如图 9-13 所示，适合黏度较大的品种。计量泵是以活塞的往复运动进行充填，常压灌装。计量原理同样是以容积计量。首先粗调活塞行程，达到灌装量，装量精度由下部的微调螺母来调定，它可以达到很高的计量精度。

注意：若灌装易氧化的药液时，设备应有充氮装置；若采用计量泵注射式灌装，因与药液接触的零部件之间有摩擦可能会产生微粒，须加终端过滤器。

除此之外，灌装机还有漏斗式灌装机和量杯式负压灌装机，因其装量精度低，现已被淘汰。

图 9-12　**灌装转盘工位示意图**

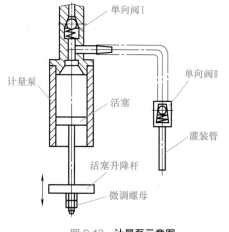

196.大输液灌装机的发展

图 9-13　**计量泵示意图**

> **想一想**
> 1. 化学实验中如何定量液体？其原理与输液剂灌装机有什么相似之处？
> 2. 为什么漏斗式灌装机、量杯负压灌装机被淘汰？

（三）轧盖机

玻璃输液瓶轧盖机一般是使用三刀单头或多头滚压式轧盖机。玻璃输液瓶轧盖机按 JB/T 20005.2—2013 标注，如 SZG100/500 型表示：适用于 100～500mL 玻璃输液瓶（S—输液机器）轧盖机（ZG—轧盖机）。

玻璃输液瓶轧盖机一般由振动落盖装置、压盖头、轧盖头、输瓶等部分组成，工作流程为：进瓶→挂盖→压盖→轧盖→出瓶。

图 9-14 所示为单头间歇式轧盖机。工作时玻璃瓶由输瓶机送入拨盘内，拨盘间歇地运动，每运动一个工位依次完成上盖、压盖、轧盖等功能。轧盖时瓶不转动，而轧刀绕瓶旋转。轧头上设有三把轧刀，呈正三角形布置，轧刀收紧由凸轮控制，轧刀的旋转是由专门的一组皮带变速机构来实现的，且转速和轧刀的位置可调。轧盖时，玻璃瓶由拨盘粗定位和轧头上的压盖头准确定位，以保证轧盖质量。

197.玻瓶输液剂洗灌塞封一体机操作、清洁、维保SOP

图 9-15 所示为三刀多头滚压式轧盖机轧头体。小齿轮在绕轧盖机中心轴公转的同时又作自转，支座上用销轴铰支三根周向对称布置并有一定高度差的辊杆，其上分别装有两只螺旋辊、一个封边辊，升降套受固定凸轮（图中未表示）控制作上下运动，压头与压头杆固连，在弹簧的作用下亦可随升降套作上下运动。

封盖时，升降套使整个轧头体下降，套在瓶口上的铝盖经导向罩与压头接触，升降套继续下降，压头被下面瓶盖顶住不能下降，弹簧被压缩，压头对铝盖顶端产生压紧力；同时，导筒、支座、辊杆均不能继续下降，而齿轮套却仍跟随升降套继续下降，使得压块压迫辊杆绕销轴摆动，螺旋辊、封边辊作径向移动，对铝盖产生轧压径向力；同时又由小齿轮带动绕瓶盖旋转，螺旋辊沿瓶口螺纹做螺旋运动（螺距的移动差值由弹簧来补偿）；封边辊也沿铝盖底边进行滚轧压封。封盖完成后，升降套开始上升，压块与滚子脱离接触，螺旋辊和封边

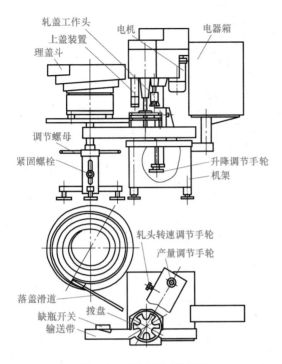

图 9-14 单头间歇式轧盖机

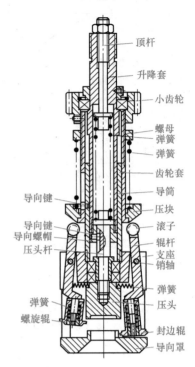

图 9-15 三刀多头滚压式轧盖机轧头体

198.玻瓶输液剂洗灌
塞封一体机常见
故障及排除方法

199.工业案例解析

辊在弹簧作用下张开，导向螺帽与压头的凸台相接触，使升降套带动整个轧压体上升，恢复至初始位置。

调节顶杆，可以改变弹簧压缩量，从而调节压紧力大小；调节螺母可以改变弹簧压缩量，从而调节径向力大小。

📖 工业案例

某药厂用 SBY30 型玻瓶输液剂洗灌塞封一体机生产生理盐水，出现灌装计量不准现象。

想一想：这是为什么？应如何处理？

想一想
1. 玻瓶输液剂的胶塞和铝塑组合盖与西林瓶的相同吗？
2. 输液玻璃瓶所用轧盖机与西林瓶的相同吗？
3. 生活中见过的什么物品的包装与玻瓶输液剂相似？

任务二 塑瓶输液剂生产设备应用技术

医用聚丙烯（PP）塑料输液瓶（简称塑瓶）耐水、耐腐蚀，具有无毒、质轻、耐热性好、机械强度高、化学稳定性强的特点，可以进行热压灭菌。塑料瓶装输液剂的生产过程及主要设备如图 9-16 所示。

玻瓶和塑瓶两种瓶装输液剂均采用半开放式输液方式，输液时须不断向瓶中导入空气才能保证正常输注，易造成药品污染。近几年，新开发的可直立式聚丙烯输液袋（下称可立袋），材料稳定无毒，不会与药物发生反应，更适合运输和储存，且是全封闭式输液方式，靠自身平衡压力自动回缩就

200.输液塑料瓶(PP瓶)为什么取代了玻璃瓶

201.聚丙烯输液直立袋——空袋子直立起来了

可保证液体顺利输注，避免了导入空气造成的污染，还克服了软袋不能直立摆放、操作不便等弱点。可立袋输液剂的生产过程及主要设备如图 9-17 所示。其工艺设备与塑瓶输液剂相似。本书以塑瓶输液剂生产设备为例进行介绍。

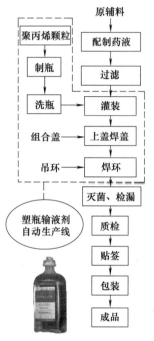

图 9-16 **塑瓶输液剂生产过程及主要设备**

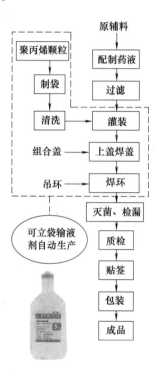

图 9-17 **可立袋输液剂生产过程及主要设备**

塑瓶输液剂生产方法有一步法和分步法两种。一步法是从塑料颗粒处理开始，制瓶、灌装、封口等工艺在一台机器上完成。分步法则是由塑料颗粒制瓶后再在清洗、灌装、封口联动生产线上完成。一步法生产污染少，厂房占地面积小，运行费用较低，设备自动化程度高，能够在线清洗灭菌，没有存瓶、洗瓶等工序，应用广泛。

塑料瓶一步法成型机有两种生产工艺：挤吹制瓶工艺和注拉吹制瓶工艺。挤吹法是把塑料颗粒挤料塑化成坯，然后直接通入洁净压缩空气吹制成瓶。注拉吹法是把塑料颗粒先注塑成坯，然后立即把它双向拉吹，在同一台设备上一步到位成型。目前医药行业使用较多的是一步法注拉吹成型机。

塑瓶输液剂吹洗灌封一体机型号按 JB/T 20095—2014 标注，如 SSY200 表示：额定生产能力为 200 瓶/min（装量按每瓶 500mL）的塑料瓶（S）大容量注射剂（S）一体机（Y）。

如图 9-18、图 9-19 所示，塑瓶输液剂吹洗灌封一体机由全自动塑料瓶制瓶系统、洗瓶

图 9-18 塑瓶输液剂吹洗灌封一体机

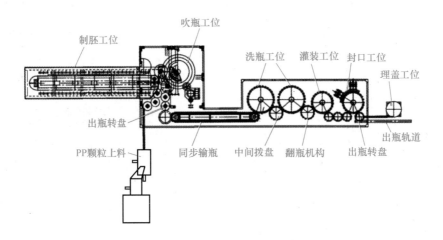

图 9-19 塑瓶输液剂吹洗灌封一体机结构原理示意图

装置、灌装系统、封口装置及输瓶中转装置和自动控制系统等部分组成,能自动完成聚丙烯塑瓶输液剂的吹瓶、洗瓶、灌装、封口全部生产过程。

一、全自动塑瓶制瓶系统

1. 结构组成

制瓶机包括注塑模具系统、温度调整系统、吹塑模具系统及顶出系统。

202.塑瓶输液剂吹洗灌封联动机

注塑模具包括注芯、上模和下模等,基本结构原理如图 9-20 所示。目前多采用热流道技术,热流道中的主流道及各个注嘴采用电加热系统,控温精度在±1℃之内。温度调整系统采用电或热媒进行管坯的温度加热及调整,分段对管坯各部位进行温度调整。模具使用较多的是 12 腔单排或双排模具,模具材料采用专用的模具钢或模具专用合金,内表面电镀处理,保证无脱落及不对制品造成污染。模具设置导柱进行合模导向,保证合模准确,避免损伤模具,同时上下模具间加装光电监控装置,发现模具间有异物则不合模。一般采用真空自动吸料系统,与注塑机料斗内

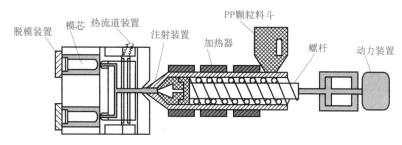

图 9-20　注塑模具原理示意图

物料存储情况形成信号反馈，自动抽空吸料，抽空气泵上加装滤网及收集袋保证粉尘不外漏并及时收集。塑料瓶底部设立立柱，采用立柱与吊环热熔焊接。

吹塑模具应由吹塑模、底模及拉伸杆等部件构成，采用洁净压缩空气进行吹塑成型，基本结构原理如图 9-21 所示。设备使用的压缩空气分为两路，一路为设备气动元件使用，另一路为吹瓶所用与塑料瓶产品接触。两路系统内部各工位互相连接，但最终只连接到一个供气和排气管道，均设立缓冲装置确保压缩空气的稳定供给。供吹塑产品用的压缩空气为洁净空气，在进入缓冲装置前加装 $0.22\mu m$ 的空气过滤器。

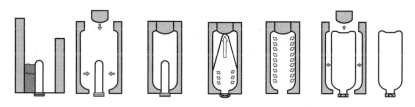

图 9-21　制瓶机吹瓶示意图

2. 工作原理

全自动塑料瓶制瓶机为一步法成型机，即塑料瓶的注塑、拉伸和吹塑一次成型。

该设备由注塑机、注塑模具、吹塑模具及传动机构组成，还包括吹瓶用无油空压机、运行用空压机、自动原料输送机、模具温度调节器、冷水温度调整机等辅机。

医用级聚丙烯原料经送料机输送到注塑台料斗内，料斗内原料流入注塑螺杆内经加热并熔融后由注塑系统注入注塑模具（瓶坯模）内，经冷却后脱模形成瓶坯。瓶坯再经预备吹塑工位通过温度分布调整后由低压空气对瓶坯进行预备吹塑，以达到消除原料内部应力并促进双向拉伸的效果。经预吹的瓶坯再传送到吹瓶工位进行高压空气吹塑及定型，最终产品经滑槽送出机台外。成坯工位和吹瓶出瓶工位如图 9-22、图 9-23 所示。

图 9-22　瓶坯成型工位

图 9-23　吹瓶出瓶工位

二、洗灌封设备

1. 结构组成

洗灌封设备主要由输瓶装置、夹瓶传递装置、清洗工位、灌装工位、封口工位、出料工位以及上料工位、在线 CIP/SIP 等附加装置、电气控制系统、气动控制系统、传动系统等组成。塑瓶经输送带和离子风,通过变距螺杆及拨轮导板进入翻瓶夹子,瓶随夹子在导轨控制下翻转,清洗后翻下以便传入灌装、封口工位,焊盖后瓶由拨轮拨入输瓶带输出机外,如图 9-19 所示。

其生产流程是:吹瓶机连线自动上瓶,通过气吹使塑料瓶加速连续运行,被分瓶盘等距分隔开,通过机械手夹持将其依次送入洗瓶区第一个、第二个洗瓶工位,将其翻转倒扣在洗瓶嘴上进行冲洗,其后被送入灌装区内进行灌装,再进入封口区进行熔焊封口。在洗瓶、灌装、封口各区之间都是通过过渡盘上的机械手来传递的。加热机构、送盖机构为封口提供加热、送盖功能。封好口的塑料瓶通过输送带输送出去。

2. 工作原理

(1)洗瓶:该机洗瓶工序由 3 道离子风气洗装置组成。首先,第一道离子风气洗安装在进瓶轨道上,对着塑料瓶瓶口、瓶外向下同时喷吹高压离子风,消除塑料瓶内外壁的静电。

203.制瓶机标准操作、维保SOP

第二道离子风气洗安装在第一个转盘上,塑料瓶通过过渡盘送入第一个中心转盘上的机械手,被翻瓶机构将其翻转,瓶口朝下倒置在离子风喷嘴上,离子风喷嘴上升插入瓶内,同时每个排气机构对瓶内抽真空,带有离子的高压气体对瓶内进行冲洗后,被气泵通过排气机构将废气抽走。第三道离子风气洗安装在第二个转盘上,再次对塑料瓶进行抽真空冲离子气清洗,保证有足够的清洗时间,这样即使有残留的微粒也可以将其清洗干净,有效达到清洗效果。实验也证明,两次冲洗比一次连续冲洗效果要好。装置示意图如图 9-24 所示。

(2)灌装:该机灌装转盘设有 30 个灌装气动隔膜阀,对塑料输液瓶进行连续旋转灌装。计量方式采用恒压罐加气动隔膜阀,不但能大大提高灌装计量的准确性,而且能实现在线清洗(CIP)、在线消毒(SIP)两大功能。恒压罐具备特殊装置,能保证罐内液体液面在 1cm 的范围内,因此可保持压力恒定。气动隔膜阀由多个组成,并且进行单个控制,在触摸屏上可分别设定各个气动隔膜阀的灌装时间,有效保证装量的准确性、一致性,完全能实现无瓶不灌装功能。同时在 PLC 内可存储灌装不同规格装量的程序,直接调出可更换规格,操作方便。装置示意图如图 9-25 所示。

图 9-24　**离子风清洗工位示意图**

图 9-25　**恒压灌装工位示意图**

（3）封口：该机封口转盘设有 36 套封口机构，每套封口机构上都装用三瓣抓爪，以抓取塑料盖。由于它类似于人手的独特结构，即使是盖子有所偏离正确位置，也可以准确无误取盖。其次，取瓶机械手与取盖机械爪都由三角形定位结构，并且各零件都由加工中心制作，因此在理论上、装配上两者相互之间的位置相对稳定，不存在可调节性的必要。这样可以保证在生产过程中不会产生松动，严格保证盖口与瓶口的对称性。塑料瓶封口采用连续加热、连续封口方式，具有无瓶不送盖、自动排气等功能。装置示意图如图 9-26 所示。

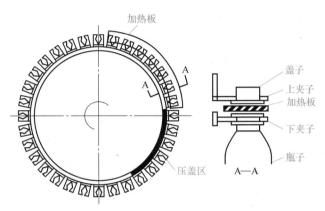

204.塑瓶大输液洗灌封机的标准操作、维保SOP

图 9-26　**热熔封口示意图**

SSY 型塑瓶输液剂吹洗灌封一体机实现全过程自动化控制，采用机械手夹持瓶口完成气洗、灌装、封口各项功能，定位性好、规格件少，更换容器规格快捷，实现了吹、洗、灌、封一体化，减少了中间环节的污染，性能稳定，生产效率高，适用于各种塑料瓶和可立袋大输液的生产。

205.塑瓶输液剂洗灌塞封一体机常见故障及排除方法

📖 工业案例

某药厂用 SSY200 型塑瓶输液剂吹洗灌封一体机生产的葡萄糖注射液，检漏时发现一批产品出现漏液现象。

想一想：这是为什么？应如何处理？

206.工业案例解析

> 想一想
> 1. 瓶装矿泉水或饮料的包装是怎么生产出来的？与输液剂哪种包装相似？
> 2. 吸吸果冻的包装是怎么生产出来的？与输液剂哪种包装相似？

任务三　软袋输液剂生产设备应用技术

一、概述

输液用袋先有塑料袋，后发展成非 PVC 多层共挤膜输液袋（软袋）。塑料袋由无毒聚氯乙烯（PVC）制成，有重量轻、运输方便、不易破损、耐压等优点，但湿气和空气可透过塑料袋，影响贮存期的质量，同时其透明性和耐热性

207.我国多层共挤膜输液袋的应用现状

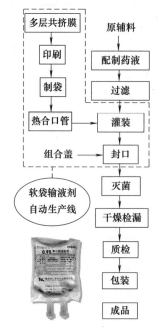

```
多层共挤膜        原辅料
   │              │
  印刷          配制药液
   │              │
  制袋           过滤
   │              │
 热合口管  ──→   灌装
   │              │
 组合盖  ──→     封口
                  │
              ┌────────┐
              │软袋输液剂│
              │自动生产线│
              └────────┘
                  │
                 灭菌
                  │
               干燥检漏
                  │
                 质检
                  │
                 包装
                  │
                 成品
```

图 9-27 软袋输液剂生产过程及主要设备

也较差，强烈振荡，可产生轻度乳光，现已被淘汰。

非 PVC 多层共挤膜输液袋是由生物惰性好、透水汽低的材料多层交联挤出的筒式薄膜在 100 级环境下热合制成，每层为不同比率的 PP 和氢化苯乙烯-丁二烯嵌段共聚物（SEBS）组成，有透明性好、抗低温性能强、韧性好、可热压消毒（耐 120℃高温灭菌）、输液时软袋自动回缩能消除输液过程中的二次污染、无增塑剂不污染环境、易回收处理等优点，是目前广受欢迎的输液包装材料。软袋输液剂生产工艺及主要设备见图 9-27。

软袋输液剂目前有单室单管系列、单室双管系列、双（多）室系列等多个品种。

二、软袋输液剂生产工艺及设备

软袋输液剂生产线设备如图 9-28 所示，主要包括非 PVC 共挤膜输送部分、印字部分、口管整理输送和预热部分、软袋焊接成型部分、口管热合整型部分、软袋废料剔除部分、药液灌注部分、盖子整理输送和预热部分、盖子焊接部分、PLC 控制系统、液压控制系统、气动控制系统、传动系统、不锈钢机架等。型号按 JB/T 20094—2014 标注，如 SRD 250/3000 型表示：装量规格为 250mL，生产能力为 3000 袋/h 的软管口（R—软管口；Y—硬管口）单室袋（D）输液剂（S）生产线。

图 9-28 软袋输液剂生产线设备示意图

软袋输液剂生产工艺从制袋开始的工艺流程如图 9-29 所示。

1. 上膜工位

自动进膜通过一个开卷架完成，如图 9-30 所示。软袋膜卷的卷轴设计使得更换膜卷非常方便。膜卷通过气动夹具固定在卷轴上，不需要任何工具。

由电机驱动完成连续、平稳的送膜动作。软袋膜网放在平衡辊上，然后逐步送入操作工

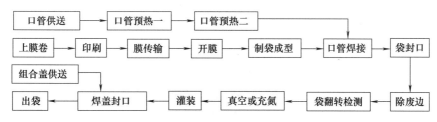

图 9-29　非 PVC 膜软袋大输液工艺流程

位。传感控制器用来确保膜卷送膜动作始终平稳均匀。

2. 印刷工位

使用热箔膜印刷装置完成整个版面的印刷，如图 9-31 所示。可选择印刷或更改各种生产数据（如批号和有效期）。印刷温度、时间和压力可调，以保证正版印刷。自动印刷箔膜控制保证质量，箔膜卷用完或断裂时，编码器监测器关断设备，保证软袋印刷连续。更换印刷箔膜需要很少的工具，操作简单，将操作时间减少到最低。印刷箔膜卷轴配备有手动气动夹具，更换操作简易便捷。更换印刷版时，只需要使用简单的工具，用简单的紧固装置拧动即可。对于各种规格的软袋，在工位处都可以手动调整预先设定其位置。更改数字只需要使用简单的工具。数字更改不需要将印刷版取出即可完成。

图 9-30　上膜工位

图 9-31　印刷工位

3. 口管供送、预热工位

采用电磁振荡器整理口管，使其沿口管下落轨道下滑，洁净气流吹送。如图 9-32 所示。

口管预热工位由接触热合系统构成。工位处有最低/最高焊接温度控制，以保证最佳的焊接温度。温度超出允许范围时设备自动停机以保证质量。

4. 开膜、固定口管工位

通过开膜刀装置，将膜层在顶部处打开一个口，如图 9-33 所示。口管被自动从送料器送入，随后到振荡盘上，然后再到线形口管传送装置上。系统纵面有 4 只机械手，可以将口

图 9-32　口管供送工位

图 9-33　开膜工位

管放置到支架上，再放置到膜层张口之间。送料链将口管放置到膜层间开口之中。进料系统遇到破损口管时会给出提示信息，保证设备不会因为破损口管而中断运行。

5. 软袋外缘定型、口管点焊和外缘切割工位

软袋外缘热合、口管点焊、软袋外缘切割操作在制袋成型工位进行，如图 9-34 所示。封口操作由与热合装置连在一起的可移动型焊接夹钳来完成。热合时间、压力和温度均可调节。本工位带有最低/最高热合温度控制器，用以调节最佳热合温度。温度超出保证质量允许的范围之外时，设备自动停机。

210.非PVC软袋
输液剂生产线
标准操作规程

6. 口管热合工位

口管热合工位是一种接触热封系统，如图 9-35 所示。工位有最低/最高热合温度控制器，用以调节最佳热合温度。温度超出保证质量允许的范围之外时，设备自动停机。

图 9-34　制袋成型工位

图 9-35　口管热合工位

7. 废料剔除工位

通过一种特殊的机械手系统将软袋的废边切掉并收集到托盘中。如图 9-36 所示。

8. 软袋转移工位

制作完成的空袋被机械手转移到软袋灌装机的软袋夹持机械手。灌装和封口操作过程中，软袋处于被吊起的位置。被确认为坏袋的软袋被自动剔除到坏袋收集托盘中。

9. 灌装工位

灌装工位如图 9-37 所示。灌装通过 4 个带有电磁灌装阀和微处理器控制器（位于主开关柜）的流量计系统来完成。这种先进的灌装系统可以很方便地通过按钮调整不同的灌装量。灌装量范围为 100mL 以下到 10000mL。工位下移后，灌装嘴进入灌装口，开始灌装。通过一个圆锥形定中心装置将灌装口固定在中心位置。灌装嘴到达最低点位置时，与口管一起进行检查。如出现任何错误或故障信息，那么相应的袋不灌装。灌装系统可以进行完全的在线灭菌。不许拆卸任何部件。

10. 加盖封口工位

如图 9-38 所示，盖子从送料器自动送料，然后到不锈钢振荡盘上，再到线形传送系统。

图 9-36　废料剔除工位

图 9-37　灌装工位

通过一种特殊的管子用无菌空气将盖子以线形的方式吹到分送器上。然后盖子被机械手捡起塞入口管中。利用挡光板检查盖子的正确性，如提示有错误则设备停机。

11. 出袋工位

成袋被机械手放到传送带上，如图 9-39 所示。被标志为坏袋的袋子被自动剔除到坏袋收集盘上。

图 9-38　加盖封口工位

图 9-39　出袋工位

工业案例

211.非PVC膜输液剂制袋灌封一体机常见故障及排除方法

212.工业案例解析

某药厂用 SRD250/3000 型非 PVC 膜输液剂制袋灌封一体机生产氯化钠注射液，检漏时发现一批产品接口与膜焊接处出现渗漏现象。

想一想：这是为什么？应如何处理？

想一想

生活中哪些物品的包装像非 PVC 膜输液剂？它们是怎样加工出来的？与非 PVC 膜输液剂有何相似和不同？

项目小结

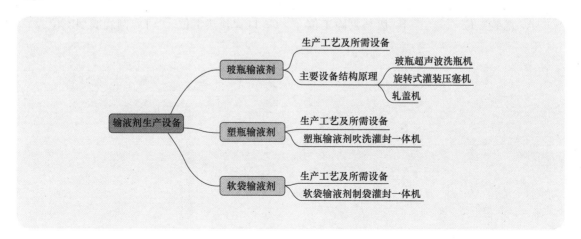

213.项目检测
参考答案

项目检测

一、单项选择题

1. 旋转式恒压灌装加塞机可以完成（　　　）。

Λ. 输瓶、灌装、压塞 　　　　　　　　　　B. 输瓶、灌装、充氮、压塞

C. 输瓶、灌装、充氮、压塞、轧盖 　　　　D. 以上都不对

2. 输液剂灌装机的灌装方式有常压灌装、正压灌注、负压灌装、恒压灌装四种。计量泵式属于（　　　）。

A. 常压灌装 　　　　B. 正压灌注 　　　　C. 负压灌装 　　　　D. 恒压灌装

3. 旋转式恒压灌装加塞机灌装容量的调整方法为（　　　）。

A. 调节触摸屏各气动隔膜泵开关时间 　　　B. 改变量杯容积

C. 改变活塞行程 　　　　　　　　　　　　D. 改变压缩空气压力

4. 全自动塑瓶制瓶系统的注塑模具包括上模、下模、（　　　）。

A. 注芯 　　　　　　B. 热流道 　　　　　C. 温控系统 　　　　D. 顶出系统

5. SSY 型塑瓶输液剂吹洗灌封一体机制出的塑瓶采用的清洗方式是（　　　）。

A. 水洗 　　　　　　　　　　　　　　　　B. 离子风洗

C. 水气交替冲洗 　　　　　　　　　　　　D. 刚制的塑瓶不必洗

二、多项选择题

1. 输液剂的包装材料有（　　　）。

A. 玻璃瓶 　　　　　B. 塑料瓶 　　　　　C. 非 PVC 软袋 　　D. 直立式聚丙烯袋

2. SBY 系列玻瓶输液剂洗灌塞封一体机的组成有（　　　）。

A. 超声波粗洗瓶机 　B. 精洗瓶机 　　　　C. 灌装加塞机 　　　D. 轧盖机

3. 塑瓶一步法成型机的制瓶工艺有（　　　）。

A. 双向拉吹 　　　　B. 注拉吹 　　　　　C. 挤吹法 　　　　　D. 分步法

4. 非 PVC 软袋大输液生产联动机组印字不清的原因是（　　　）。

A. 模板变形 　　　　　　　　　　　　　　B. 计量泵压力不稳

C. 印字压力设定值不合适 　　　　　　　　D. 组合盖质量不好

5. SRD200 非 PVC 膜输液剂生产线的口管焊接工位之前是（　　　）。

A. 灌装工位 　　　　B. 废料剔除工位 　　C. 口管预热工位 　　D. 制袋成型工位

项目十
药品包装设备

 项目导入

　　药品包装是指选用适宜的材料和容器，利用一定技术对药物制剂成品进行分（灌）、封、装、贴签等加工过程的总称，是药品在贮存、运输和使用过程中必需的一种技术手段。对药品起着避光、防潮、防霉、防虫蛀、防振、防氧化等保护作用，以提高药品的稳定性、延缓药品变质，方便按剂量使用，方便流通和销售。药品包装还具有美化商品的作用，可以提高药品的销量。

　　讨论：血塞通有针剂、片剂、胶囊剂、颗粒剂、滴丸剂等剂型，都是什么包装？包装设备相同吗？

　　本项目设计三个学习任务：任务一铝塑包装机；任务二自动制袋充填包装机；任务三数粒装瓶机。

214.我国药品包
装的发展

215.《药品包装用
材料、容器管理
办法》（暂行）

学习目标

知识目标：1. 了解药品包装行业的发展。

　　　　　2. 熟悉铝塑包装机、制袋包装机、数粒装瓶机的结构原理。

技能目标：1. 会按 SOP 操作铝塑包装机、制袋包装机、数粒装瓶机。

　　　　　2. 会按 SOP 维护保养包装设备。

　　　　　3. 具备包装设备选型、设备管理的基本能力。

创新目标：1. 了解铝塑包装机、制袋包装机、数粒装瓶机的微创新。

　　　　　2. 了解全自动胶囊充填机、螺杆分装机的机构在包装机中的应用。

思政目标：通过买椟还珠的故事，探讨药品与包装的辩证关系。

任务一　铝塑包装机

一、概述

铝塑包装机是利用真空或正压，将透明塑料薄膜吸（吹）塑成与待装药物外形相近的形状及尺寸的泡罩，将药品用铝箔覆盖在泡罩中并热压封合的机器，又称泡罩包装机。可用来包装片剂、胶囊剂、丸剂等多种剂型的药物，还可用来包装安瓿、抗生素瓶、药膏等。泡罩包装在气体阻隔性、透湿性、卫生安全性、生产效率、剂量准确性和延长药品的保质期等方面具有明显的优势。

成泡基材常用无毒聚氯乙烯（PVC）、聚偏二氯乙烯（PVDC）、聚丙烯（PP）硬片等，还可用 PVC/PCDC 复合膜，厚度根据被包药品形状和泡罩的深度选择，常用的片材厚度为 0.25～0.35mm。盖材广泛采用涂覆黏合剂的 PTP 铝箔（简称铝箔），厚度 0.02mm。常见的板块尺寸是 78×56.6mm、35×110mm、64×100mm、48×110mm 等，板块上排列的药片粒数大多为 10 粒/板或 12 粒/板，每个泡罩中可放 1 粒、2 粒或 3 粒。

216.铝塑包装材料简介

铝塑包装机的型号按 JB/T 20023—2016 标注，如 DPH130A 表示：经过第一次改进设计、所用包装材料最大宽度为 130mm 的滚板式（T—滚筒式、H—滚板式、P—平板式）药品泡罩包装机（DP）。

二、常用铝塑包装机

217.辊板式铝塑包装机的发明

铝塑包装机按成型方式不同分为滚筒式和平板式，按热封合方式不同也分为滚筒式和平板式。平板式正压成型效果好于滚筒式真空成型，平板式热压封合效果好于滚筒式热压封合，但滚筒式热压封合在速度、可靠性等方面优于平板式热压封合。

（一）平板式铝塑包装机

218.铝塑包装机

其泡罩成型和热封合模具均为平板形，结构原理如图 10-1 所示。完成薄膜输送、加热、凹泡成型、加料、印刷、打批号、密封、压痕、冲裁等工艺过程，如图 10-2 所示。

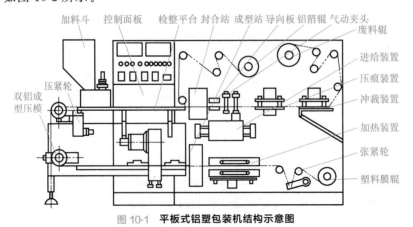

图 10-1　平板式铝塑包装机结构示意图

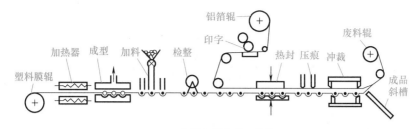

图 10-2 铝塑包装机的工艺流程

1. 薄膜输送机构

薄膜输送机构的作用是输送薄膜并使其通过上述各工位，完成泡罩包装工艺。

2. 加热装置

将成型膜加热到能够进行热成型加工的温度，这个温度是根据选用的包装材料确定的。对硬质 PVC 薄膜而言，较容易成型的温度范围为 $110 \sim 130℃$。此范围内 PVC 薄膜具有足够的热强度和伸长率。注意：这里所指的温度是 PVC 薄膜实际温度，是用点温计在薄膜表面上直接测得的（加热元件的温度比这个温度高得多）。

加热方式有辐射加热和传导加热。大多数热塑性包装材料吸收 $3.0 \sim 3.5 \mu m$ 波长的红外线发射出的能量。因此最好采用辐射加热方法对薄膜加热，如图 10-3 所示。

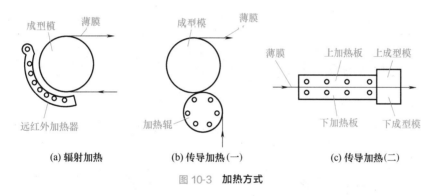

(a) 辐射加热　　　　**(b) 传导加热(一)**　　　　**(c) 传导加热(二)**

图 10-3 加热方式

3. 成型

成型是整个包装过程的重要工序，成型泡罩方法可分吸塑成型（负压成型）、吹塑成型（正压成型）、凸凹模冷冲压成型、冲头辅助吹塑成型四种，如图 10-4 所示。

吸塑成型是利用抽真空将加热软化的薄膜吸入成型膜的泡罩窝内而完成泡罩成型，一般采用辊式模具，成型泡罩尺寸较小，形状简单，泡罩拉伸不均匀，顶部较薄。

吹塑成型是利用压缩空气将加热软化的薄膜吹入成型模的泡罩窝内来完成泡罩成型，吹塑成型多用于板式模具，成型的泡罩壁厚比较均匀，形状挺括，可成型尺寸较大的泡罩。

凸凹模冷冲压成型是采用凸凹模冷冲压成型方法来完成泡罩成型，适用于材料刚性较大，如复合铝（PA/ALU/PVC）等。

冲头辅助吹塑成型是借助冲头将加热软化的薄膜压入模腔内，当冲头完全压入时，通入压缩空气，使薄膜紧贴模腔内壁，完成泡罩成型。所成泡罩壁厚均匀、棱角挺括、尺寸较大、形状复杂，多用于平板式泡罩包装机。

4. 药物充填与检整

由加料器向成型后的泡罩中填充药物。加料器有旋转隔板加料器、弹簧软管加料器、孔

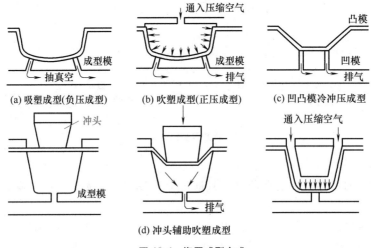

(a) 吸塑成型(负压成型)　(b) 吹塑成型(正压成型)　(c) 凹凸模冷冲压成型

(d) 冲头辅助吹塑成型

图 10-4　泡罩成型方式

板填充加料器、整向分送加料器等，如图 10-5 所示。加料后利用人工或光电检测装置在加料器后边及时检查药物填落的情况，必要时可以人工补片或拣取多余的丸粒。较普遍使用的是利用旋转软刷，如图 10-5（c）所示。

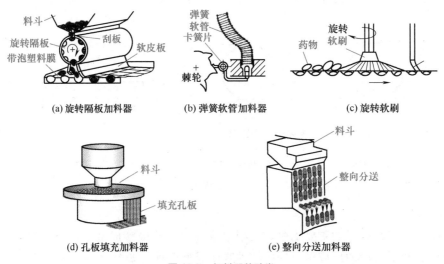

(a) 旋转隔板加料器　(b) 弹簧软管加料器　(c) 旋转软刷

(d) 孔板填充加料器　(e) 整向分送加料器

图 10-5　加料器的种类

219.铝塑包装机操作、清洁SOP

220.铝塑泡罩包装机常见故障分析及排除方法

5. 热封

成型膜泡罩内充填好药物，铝箔即覆盖其上，然后将两者封合。其基本原理是使内表面加热，然后加压使其紧密接触，形成完全焊合。热封有辊压式和板压式两种形式。辊压式是将待封合材料通过转动的两辊之间并在压力作用下停留极短时间完成热封；板压式是将待封合材料通过平板式热封板并将其在极短时间内紧压在一起进行焊合，平板式热封所需压力大。

6. 压痕、打批号

一片铝塑包装药物可能适于多次服用，为了服用方便，可在一片上冲压出易裂的断痕，用手即可方便地将一片断裂成若干小块，每小块为可供一次的服用量。

打批号可在单独工位进行，也可以与热封、压痕同工位进行。

7. 冲裁

将封合后的带状包装成品冲裁成规定的尺寸（即一片大小）称为冲裁工序。为了节省包装材料，不论是纵向还是横向冲裁刀的两侧均是每片包装所需的部分，尽量减少冲裁余边，因为冲裁余边不能再利用，只能废弃。由于冲裁后的包装片边缘锋利，常需将四角冲成圆角，以防伤人。冲裁成品后所余的边角仍是带状的，在机器上利用废料辊将其收集。

（二）滚筒式铝塑包装机

滚筒式铝塑包装机的结构原理如图 10-6 所示，泡罩成型模具和热封模具均为圆筒形，真空吸塑成型、线接触封合、消耗动力小、传导到药片上的热量少、连续包装，不适合深泡窝成型。

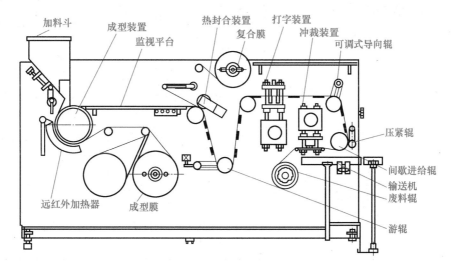

图 10-6　滚筒式铝塑包装机结构示意图

（三）滚板式铝塑包装机

滚板式铝塑包装机结合了滚筒式和平板式的优点，克服了两种机型的不足。采用滚板式

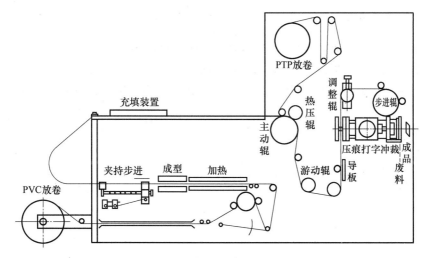

图 10-7　滚板式铝塑包装机结构示意图

吹塑正压成型，泡罩质量好，辊式线封或点封，是目前先进的铝塑泡罩包装机。其结构原理如图 10-7 所示。该机主要由 PVC 放卷、PVC 加热、PVC 成型、夹持步进机构、药物上料机构、PTP 放卷、PVC 与 PTP 热封合机构、打批号及压断裂线机构、导辊步进机构、冲裁机构及电气控制系统、传动系统、机架组成。

其工艺流程为：PVC 放卷→加热→成型→夹持步进→上料、PTP 放卷→热封→导辊步进→打批号（压印）→冲裁分切→出片。

滚板式铝塑包装机可以包装不同规格的片剂、胶囊剂、丸剂等药品，还可以包装小型的糖果等食品，应用范围广泛。

生产中常用滚筒式、滚板式、平板式三种铝塑包装机，其性能见表 10-1。

表 10-1　滚筒式、滚板式、平板式三种铝塑包装机性能特点

项目	滚筒式	平板式	滚板式
成型方式	辊式模具，吸塑负压成型	板式模具，吹塑正压成型	板式模具，吹塑正压成型
成型压力	<1MPa	>4MPa	>4MPa
成型面积	成型面积小，成型深度为 10mm 左右	成型面积大，形状复杂，可成型多排泡罩，采用冲头辅助成型，成型深度达 36mm	成型面积大，形状复杂，可成型多排泡罩，采用冲头辅助成型，成型深度达 36mm
热封合方式	辊式热封，线接触，封合总压力较小	平板式热封，面接触，封合总压力大	辊式热封，线接触，封合总压力较小
薄膜输送方式	连续—间歇	间歇	间歇—连续—间歇
结构	简单，同步调整容易，操作维修方便	结构较复杂	结构复杂
生产能力	生产能力小	生产能力较大	生产能力大，冲裁频率为 120 次/min

221.工业案例解析

某药厂用滚板式铝塑包装机包装胶囊，结果出现泡罩底膜穿孔现象。

想一想：这是什么原因造成的？正确的处理方法是什么？

查一查：铝塑包装机的哪些部件与前面所学的哪些制剂设备部件有相似点？

讨论：铝塑包装机除了药品，还可以包装什么？

想一想：泡罩包装与生活中的哪些场景相似？运用泡罩包装的原理，还可以推广应用到哪些方面？

任务二　自动制袋充填包装机

一、概述

自动制袋充填包装机常用于包装颗粒剂、散剂、片剂、丸剂以及流体和半流体物料。其

特点是直接用卷筒状的热封包装材料，自动完成制袋、计量和充填、排气或充气、封口和切断等多种操作。热封包装材料主要有各种塑料薄膜以及由纸、塑料、铝箔等制成的复合材料，它们具有防潮阻气、易于热封和印刷、材质轻柔、价廉、易于携带和开启等优点。自动制袋充填包装机的类型多种多样，但其包装原理却大同小异。按总体布局分为立式和卧式两大类；按制袋的运动形式分为连续式和间歇式两大类。

药用制袋包装机型号按 JB/T 20056—2005 标注，如 DXDK40 型表示：最大袋宽为40cm、内装物为颗粒类（K—颗粒类；F—粉类；B—半流体类；L—流体类）的药用袋成型-充填-封口机（DXD）。

下面主要介绍在颗粒剂、片剂包装中广泛应用的立式自动制袋充填包装机。

二、立式自动制袋充填包装机

DXDK40 型制袋包装机是典型的立式自动制袋充填包装机，如图 10-8 所示，整机包括七大部分：动力系统、薄膜供送装置、袋成型装置、纵封装置、横封及切断装置、物料供给装置以及电控检测系统。

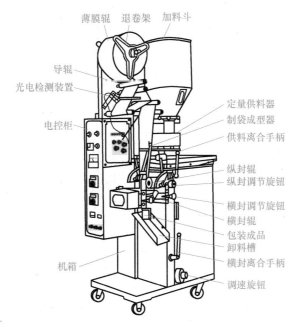

图 10-8 立式自动制袋充填包装机结构示意图

1. 动力系统

机箱内安装有动力装置及传动系统，驱动纵封辊和横封辊转动，同时传送动力给定量供料器使其工作给料。

2. 薄膜供送装置

卷筒薄膜安装在退卷架上，可以平稳地自由转动。在牵引力的作用下，薄膜展开经导辊引导送出。导辊对薄膜起到张紧平整以及纠偏的作用，使薄膜能正确地平展输送。

3. 袋成型装置

袋成型装置的主要部件是一个制袋成型器，它使薄膜由平展逐渐形成袋型，是制袋的关键部件。它有多种的设计形式，可根据具体的要求来选择。操作中，需要正确调整成型器对应纵封辊的相对位置，确保薄膜顺利且正确地成型封合。图 10-9 所示为几种常用的封口形式示意图。

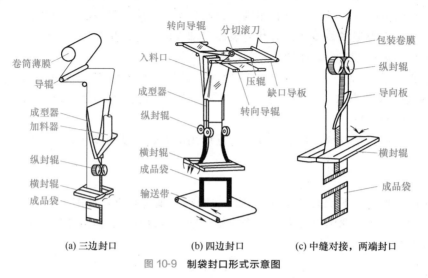

(a) 三边封口　　　　(b) 四边封口　　　　(c) 中缝对接，两端封口

图 10-9　制袋封口形式示意图

4. 纵封装置

纵封装置主要是由一对相对旋转的纵封滚轮组成，其外圆周有滚花，内装发热元件，在弹簧力作用下相互压紧。纵封滚轮有两个作用，其一是对薄膜进行牵引输送，其二是对薄膜成型后的对接纵边进行热封合，这两个作用是同时进行的。有的制袋包装机单独设置薄膜牵送机构。

5. 横封及切断装置

横封装置的工作原理主要是一对横封辊相对旋转，内装发热元件。其作用也有两个，一是对薄膜进行横向热封合，横封辊旋转一周进行一次或两次的封合动作；二是切断包装袋，这是在热封合的同时完成的。在两个横封辊的封合面中间，分别装嵌有刃刀及刀板，在两辊压合热封时能轻易地切断薄膜。在一些机型中，横封和切断是分开的，即在横封辊下另外配置有切断刀，包装袋先横封再进入切断刀进行分割。不过，这种方法已较少采用，因为不但机构增加了，而且定位控制也变得复杂。

223.制袋包装机操作、清洁SOP

6. 物料供给装置

物料供给装置是一个定量供料器。对于粉状及颗粒物料，主要采用量杯式定容计量，量杯容积可调。常用定量供料器为转盘式结构，从加料斗流入的物料在其内部由若干个圆周分布的量杯计量，并自动充填入成型后的薄膜管内。

7. 电控检测系统

电控检测系统是包装机工作的中枢系统。在此机的电控柜上可按需设置纵封温度、横封温度以及对印刷薄膜设定色标检测数据等，这对控制包装质量起到至关重要的作用。

224.制袋包装机常见故障分析及排除方法

 工业案例

某药厂制袋包装机的袋子出现错位现象，操作人员直接用手拉扯复合膜想将复合膜复位，结果造成烫伤事故。

想一想：这样做还可能会造成什么事故？正确的处理方法是什么？

查一查：制袋包装机的哪些部件与前面所学的哪些制剂设备部件有相似点？

讨论：制袋包装机除了药品，还可以包装什么？

想一想：

1. 运用制袋包装的原理，还可以推广应用到哪些方面？

2. 制袋形状和封口方式还有哪些？

任务三 数粒装瓶机

一、概述

片剂、胶囊剂、丸剂等固体制剂常以瓶装形式供应于市场。瓶装生产线能完成理瓶、计数、装瓶、塞纸、理盖、旋盖、贴签、印批号等工作。其工艺过程见图10-10。

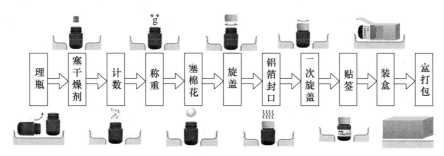

图 10-10 瓶装生产线工艺过程

自动瓶装生产线一般包括理瓶机、理盖机、数粒机、塞入机（纸、药棉、干燥剂等）、铝箔封口机、旋盖机、贴标机、缩膜机、装盒机、缩盒机等，如图10-11所示。

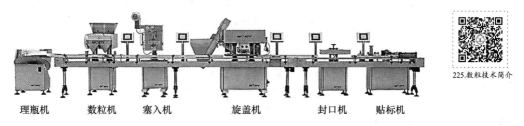

225.数粒技术简介

图 10-11 瓶装生产线

二、数粒装瓶机

药品装瓶采用计数和称重两种方式。数粒式包装可保证患者安全，方便用药，应用广泛，占据了整个颗粒包装市场 80％ 以上的市场份额。数粒计数机构主要有机械数粒、光电数粒、静电场数粒，静电场数粒技术在国外仍处于研发阶段。

把固体制剂中片剂、胶囊剂等药品，以数粒形式灌入药瓶的设备称为数粒机。按生产能力又可分为：低速型（产量为 30～40 瓶/min）、中速型（产量为 50～70 瓶/min）、高速型（产量为 80～120 瓶/min）。按数粒原理不同可分为两大类：一类是空位法数片机，市场上常见有筛动式数片机和履带式数片机；另一类是光电计数法数片机，市场上常见有多通道电子数片机和圆盘式电子数片机。

　　空位法数片机的工作原理，是在各种材料（以不锈钢和各种塑料居多）上预制一定形状、数量的孔槽形成模板，药品颗粒逐一填充进模板上的孔槽中，进行药品颗粒数粒，数粒完成的药品通过漏斗装瓶。

（一）筛动式数片机构

　　筛动式数片机构是空位数片技术的应用，如图 10-12 所示。一个与水平成 30°倾角的带孔转盘，由槽轮机构带动作间歇变速旋转，使转盘抖动着旋转，以利于计数准确。盘上开有几组（3～4 组）小孔，每组的孔数依每瓶的装量数决定。在转盘下面装有一个固定不动的托板，托板不是一个完整的圆盘，其具有一个扇形缺口，扇形面积只容纳转盘上的一组小孔。缺口的下边紧连着一个落片斗，落片斗下口直抵装药瓶口。转盘的围堰具有一定高度，其高度要保证倾斜转盘内可存积一定量的药片或胶囊。转盘上小孔的形状应与待装药粒形状相同，且尺寸略大，转盘的厚度要满足小孔内只能容纳一粒药的要求。转盘速度不能过高（约 0.5～2r/min），一则转盘要与输瓶带上瓶子的移动频率匹配；二则如果太快将产生过大离心力，不能保证转盘转动时，药粒在盘上靠自身重力而滚动。当每组小孔随转盘旋至最低位置时，药粒将埋住小孔，并落满小孔。当小孔随转盘向高处旋转时，小孔上面叠堆的药粒靠自身重力将沿斜面滚落到转盘的最低处。

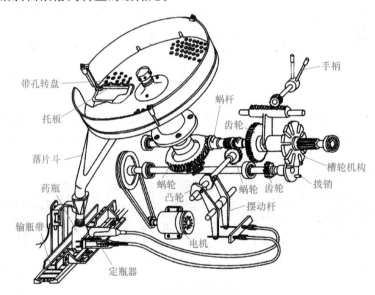

图 10-12　筛动式数片机构示意图

　　改变装瓶粒数或更换品种时，则需更换带孔转盘即可。

（二）光电计数法数片机构

　　光电计数法数片机构是利用一个旋转平盘，将药粒抛向转盘周边，在周边围堰的缺口处，药粒将被抛出转盘。如图 10-13 所示，在药粒由转盘滑入药粒溜道时，溜道上设有光电传感器，通过光电系统将信号放大并转换成脉冲电信号，输入到具有"预先设定"及"比

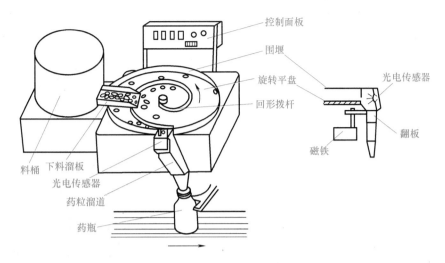

图 10-13　光电计数法数片机构示意图

较"功能的控制器内。当输入的脉冲个数等于预选的数目时，控制器向磁铁发出脉冲电压信号，磁铁将通道上的翻板翻转，药粒通过并引导入瓶。

对于光电计数装置，根据光电系统的精度要求，只要药粒尺寸足够大（比如大于8mm），反射的光通量足以启动信号转换器就可以工作。这种装置的计数范围远大于模板式计数装置，在预选设定中，根据瓶装要求（如1～999粒）任意设定，不需更换机器零件即可完成不同装量的调整。

三、其他机构

1. 输瓶机构

在装瓶机上的输瓶机构多是采用直线、匀速、常走的输送带，输送带的走速可调。在落料口处多设有挡瓶定位装置，间歇地挡住待装的空瓶和放走装完药物的满瓶。

2. 塞纸机构

瓶装药品的实际体积均小于瓶子的容积，为防止贮运过程中药物相互磕碰，造成破碎、掉末等现象，常用洁净碎纸条或纸团、脱脂棉等填充瓶中的剩余空间。在装瓶联动生产线上单独设有塞纸机。

常见的塞纸机构有两类：一类是利用真空吸头，从裁好的纸摞中吸起一张纸，然后转移到瓶口处，由塞纸冲头将纸折塞入瓶；另一类是利用钢钎扎起一张纸后塞入瓶内。

图 10-14 所示为采用卷盘纸塞纸，卷盘纸拉开后成条状，由送纸轮向前输送，并由切刀切成适当长度的条状，最后由塞杆塞入瓶内。塞杆有两个，一个主塞杆，一个副塞杆。主塞杆塞完纸，瓶子到达下一工位，副塞杆重塞一次，以保证塞纸的可靠性。

3. 封口机构

瓶装固体制剂的封口结构有旋盖封口、压塞封口、热膜封口等类型。

（1）旋盖封口　机械爪式旋盖头的结构如图 10-15 所

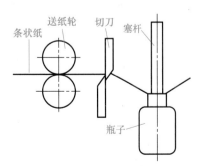

图 10-14　塞纸机原理

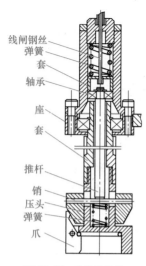

图 10-15　旋盖头结构

线闸钢丝
弹簧
套
轴承
座
套
推杆
销
压头
弹簧
爪

示，旋盖头做旋转和上下往复运动。当旋盖头第一次下降到取盖位置时，正好罩住由机械手送来的瓶盖，此时线闸钢丝放松，弹簧经套、轴承、推杆、销、压头迫使爪向内收拢，将瓶盖抓紧。旋盖头第二次下降时，将瓶盖旋紧在瓶口上。瓶盖旋紧后，旋盖头开始上升，此时线闸钢丝拉紧，消除对压头的推力，而弹簧将压头向上推，将爪放松，完成理盖—落盖—捉盖—对中—旋盖—脱瓶—复位的动作，称为拧盖机。

（2）压塞封口　是用橡胶、塑料、软木等具有一定弹性的材料做成的瓶塞，利用其本身的弹性形变来密封瓶口。压塞封口既可用作单独封口，也可与瓶盖一起用作组合封口。

压塞封口过程一般有瓶塞供给和压入两步。首先，将瓶塞置于瓶口上方，通过对瓶塞的垂直方向的压力将其压入瓶口来实现封口包装。可利用凸轮或滚轮装置将瓶塞压入。

（3）热膜封口　是在瓶口表面黏合一层铝箔或纸塑等复合材料，可以提高容器的气密性、防潮性，并具有防伪、防盗功能。近年来，常用复合铝箔封口，铝箔一般由纸垫、保护膜、金属铝、封口膜复合而成。封口方式有热封、脉冲、超声波、高频、电磁感应等。

电磁感应式铝箔封口是一种非接触性的密封过程，通过电磁感应使铝箔瞬间产生高热，熔化外层高分子材料并和所接触表面粘连，从而达到非接触式快速无污染封口。

如图 10-16 所示，封口的主要部分是感应头，感应头内置线圈，通入高频脉冲电流经反馈放大、整形，推动功率模块输出到感应头，当有金属铝箔接近感应头时，在铝箔上产生涡流而发热，发热的程度由涡流的强度、频率的高低、感应时间的长短来决定。铝箔发热瞬时产生高温，当铝箔片覆膜和塑料瓶为同种材质，铝箔片覆膜与其接触的塑料瓶口亦瞬间熔化而使铝箔片和塑料瓶口两者熔合，从而使铝箔和塑料瓶达到高效高质密的封口效果。然后纸板与铝箔分离，纸板起垫片作用。

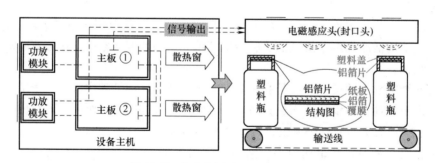

图 10-16　电磁感应铝箔封口机原理图

4. 贴标机构

药瓶贴标机构常用立式圆瓶不干胶贴标机。不干胶贴标机是指利用卷筒式不干胶标签对包装物进行贴标的机械。不干胶贴标机按容器的运行方向可分为立式贴标机、卧式贴标机和倾斜式贴标机等。

立式圆瓶不干胶贴标机如图 10-17 所示。主要由输送带、分瓶轮、放标盘、打印机、滚贴座、滚贴带、滚贴板、输送带电动机、护栏、支座、以及高低调整架、传感器和微机控制系统等构成。底座支架主要起支撑作用。其中分瓶轮、供标装置和贴标装置可以在调整支架上做上下、左右调整。输送带主要是完成瓶子的输送，它由输送带电动机驱动。分瓶轮主要起到使瓶子分隔开适当的距离的作用，以免在贴标过程中使瓶子漏贴标签。供标装置是包括步进电动机、送标机构、收标机构、标带张紧机构、不干胶标带、标签剥离板和印字机等。打印机主要完成标签日期的打印。滚贴带是实现标签与瓶子的结合，也就是使标签贴在瓶子上，一般由驱动电动机带动。传感器及微机控制系统是信号检测与发出的核心控制部分，由软件和硬件两部分组成，它主要完成瓶子的检测、打印装置及供标装置的步进电动机的启动、控制标带的张力、显示瓶子的数量、协调各电动机之间的速度关系和安全报警等工作。

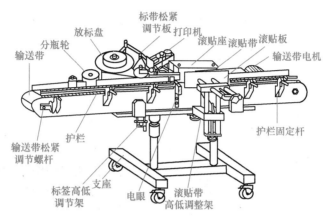

图 10-17　立式圆瓶不干胶贴标机示意图

　　工作时，瓶子由理瓶机进入贴标机传输带，经过分瓶轮后间隔适当的距离。当瓶子经过测物电眼时，电眼发出信号，信号经过处理后，在瓶子到达与标签位置相切时，步进电动机启动，同时打印机工作，在标签上打印日期。当标带经过剥离板时，由于标带上的标签较硬，它不易沿玻璃板急转弯，因此当标带的底纸急转弯时，标签由于惯性继续向前运动，与底纸分离，顺势与输送到位的瓶子粘贴，进入滚贴装置进行滚压，贴到容器瓶上。另外一个测物电眼检测到一个标签完全经过时，发出步进电动机停转信号，即完成不干胶贴标机的一个贴标工作过程。

　　供标装置如图 10-18 所示，在瓶子到达与标签位置相切时，步进电动机启动，带动牵引辊拉动底纸，当标带上的拉力大于摆杆末端的弹簧拉力时，摆杆顺时针摆动。由于摆杆顺时针摆动，刹车带与放标盘中心轴脱离，放标盘在标带的拉动下转动。当一个标签完全经过时，测物电眼发出步进电动机停转信号，此时由于摆杆末端的弹簧拉力作用使摆杆复位，刹车带重新抱紧放标盘中心轴，放标盘停转。

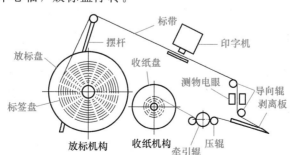

227.电子数粒机
常见故障分析
及排除方法

图 10-18　立式圆瓶不干胶贴标机的供标装置示意图

收纸机构主要用于底纸的回收。由于在贴标过程中步进电动机带动牵引辊的速度不变，而底纸的卷筒半径在不断地扩大，这里采用步进电动机通过锥形带变速带动收纸盘的转动。

> 想一想：数粒装瓶机的哪些部件与前面所学的哪些制剂设备部件有相似点？
>
> 查一查：关于药品包装的专利有哪些？
>
> 讨论：数粒装瓶机除了包装药品，还可以包装什么？
>
> 想一想：运用数粒包装的原理，还可以推广应用到哪些方面？
>
> 查一查：限塑令是怎么回事？
>
> 讨论
>
> 1. 你认为药品包装精美和简单哪个好？作为消费者你会选择哪种包装？
>
> 2. 包装材料会影响环境吗？我们应该怎么做？

项目小结

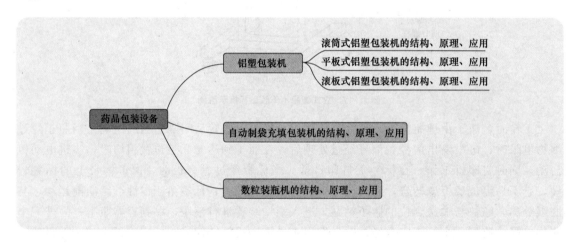

项目检测

228.项目检测
参考答案

一、单项选择题

1. 滚筒式铝塑包装机的成型方式是（　　），平板式的成型方式是（　　），滚板式的成型方式是（　　）。

A. 辊式模具，吸塑负压成型   B. 板式模具，吹塑正压成型

C. 辊式模具，吹塑正压成型   D. 板式模具，吸塑负压成型

2. 滚筒式铝塑包装机的热封合方式是（　　），平板式的热封合方式是（　　），滚板式的热封合方式是（　　）。

A. 辊式热封，线接触   B. 平板式热封，面接触

C. 辊式热封，面接触   D. 平板式热封，线接触

3. 制袋包装机所用材料是（　　）。

A. 无毒聚氯乙烯   B. 铝箔   C. 复合膜   D. 牛皮纸

4. 可以包装大蜜丸的设备是（　　）。

A. 滚筒式铝塑包装机 B. 平板式铝塑包装机

C. 制袋包装机 D. 数粒装瓶机

5. 袋成型装置的主要部件是（　　）。

A. 横封装置 B. 纵封装置 C. 切断装置 D. 制袋成型器

二、多项选择题

1. 铝塑包装机的包装材料是（　　）。

A. 无毒聚氯乙烯 B. 铝箔 C. 复合膜 D. 牛皮纸

2. 铝塑包装机常用的类型有（　　）。

A. 滚筒式 B. 平板式 C. 组合式 D. 滚板式

3. 制袋包装机可以用于包装（　　）。

A. 颗粒剂 B. 粉剂 C. 液体制剂 D. 胶囊剂

4. DXDK40 型制袋包装机可以制成（　　）袋。

A. 一边封口 B. 两边封口 C. 三边封口 D. 四边封口

5. 数粒装瓶机的计数方式有（　　）。

A. 人工计数 B. 光电计数

C. 圆盘模板机械计数 D. 自动计数

参 考 文 献

［1］ 杨宗发，董天梅．药物制剂设备．北京：中国医药科技出版社，2017.

［2］ 张洪斌．药物制剂工程技术与设备．北京：化学工业出版社，2019.

［3］ 董天梅．药剂设备应用技术．北京：中国医药科技出版社，2015.

［4］ 邓才彬．药物制剂设备．北京：人民卫生出版社，2020.

［5］ 朱国民．药物制剂设备．北京：化学工业出版社，2018.

［6］ 王沛．药物制剂设备．北京：中国医药科技出版社，2016.

［7］ 王行刚．药物制剂设备与操作（固体制剂）．北京：化学工业出版社，2010.

［8］ 王行刚．药物制剂设备与操作（液体制剂）．北京：化学工业出版社，2010.

［9］ 唐燕辉．药物制剂生产设备及车间工艺设计．北京：化学工业出版社，2020.

［10］ 朱盛山．药物制剂工程．北京：化学工业出版社，2018.

［11］ 孙怀远．药剂设备原理与设计．上海：华东理工大学出版社，2012.

［12］ 路振山．药物制剂设备．北京：化学工业出版社，2013.

［13］ 刘精婵．中药制药设备．北京：人民卫生出版社，2013.

［14］ 孙传瑜．药物制剂设备．山东：山东大学出版社，2009.